U0249202

本专著系国家自然科学基金（71173174、71504181）、
天津商业大学"十二五"专业建设经费资助出版成果

基于社会资本视角的农村社区
小型水利设施合作供给研究

王　昕　著

南开大学出版社
天　津

图书在版编目(CIP)数据

基于社会资本视角的农村社区小型水利设施合作供给
研究 / 王昕著. —天津：南开大学出版社，2016.6
ISBN 978-7-310-05100-7

Ⅰ.①基… Ⅱ.①王… Ⅲ.①农村社区－水利工程管
理－研究－中国 Ⅳ.①TV632

中国版本图书馆 CIP 数据核字(2016)第 104213 号

版权所有　侵权必究

南开大学出版社出版发行
出版人:孙克强
地址:天津市南开区卫津路 94 号　　邮政编码:300071
营销部电话:(022)23508339　23500755
营销部传真:(022)23508542　　邮购部电话:(022)23502200

*

天津市蓟县宏图印务有限公司印刷
全国各地新华书店经销

*

2016 年 6 月第 1 版　　2016 年 6 月第 1 次印刷
230×160 毫米　16 开本　12.125 印张　2 插页　170 千字
定价:35.00 元

如遇图书印装质量问题,请与本社营销部联系调换,电话:(022)23507125

本著作得到了国家自然科学基金项目（71173174），"十二五"农村领域国家科技计划项目（2011BAD29B01），天津市艺术科学规划项目（B14025），天津商业大学青年基金项目（151104），教育部博士生学术新人奖，教育部留学基金委，清华大学农村研究院资助。

序　言

农村小型水利设施是农业生产的基础，对保证粮食安全和实现农民增收有重要作用。当前，农村小型水利设施的供给薄弱成为制约农业经济发展的瓶颈。如何提高农村小型水利设施的供给水平一直是农业经济学讨论和关注的焦点问题之一。农户合作供给成为解决小型水利设施供给不足的有效手段。

随着中国经济的发展，农户的个体特征分化日益凸显，这种分化在社会资本方面表现得尤其突出。中国农村具有典型的地缘、血缘特征，社会资本在农户合作中发挥着重要的作用。农村小型水利设施的有效供给，寄希望于政府建设的完善固然是重要的，但从农户自身需求出发，借助社会资本促进农户间合作供给小型水利设施，则应当说是激发农户自发参与小型水利设施供给，缓解供给不足的创新措施。因而，基于当前小型水利设施供给的现状，从社会资本角度讨论小型水利设施农户自发合作供给，为解决小型水利设施供给不足问题提供了可靠的理论和实证依据。

正是在这个意义上，王昕博士的这本学术专著从小型水利设施供给现状着眼，从社会资本指数的构建和农户合作供给模型构建的具体情况入手，体现了研究的深度和独特的应用价值。作为王昕博士的指导老师，我乐意为这部兼具理论水平和实践探索意义的学术著作作序，并将其推荐给农业经济学界。

王昕的这本学术著作是在博士论文的基础上修改完善的。其最可贵的就是从社会资本的视角讨论了农村社区合作供给的过程。在广泛搜索文献的基础上，王昕将社会资本分为社会网络、社会信任、社会参与和社会声望，并利用因子分析方法构建了社会资本指数。在构建指数的基础上，她分别从合作发起、合作的实施、合作效率的评价三个方面具体讨论了社会资本在合作供给过程中的角色。她利用 Logistic 模型分析了社会资本及四个维度对农户合作意愿的影响；运用 Heckman 模型分析了社会资本及其四个维度对农户支付意愿的影响，并利用 CVM 模型估计出农户愿意支付的金额；运用 DEA-Tobit 模型考察了社会资本指数对农户合作供给效率的影响。农户合作行为的选择离不开社区环境的熏陶和影响。在微观个体农户分析的基础上，将合作行为纳入到社区层面进行进一步的分析，借助 HLM 模型讨论了社区因素和个人因素的互动效应。该著作在进行大量数据调查和分析的基础上，较为系统地阐述了社会资本对农村社区小型水利设施合作供给的影响，具有很强的探索性和实践意义，显示出一定的学术眼光和理论勇气。

在我看来，本书最大的创新之处在于将社会资本划分为社会网络、社会信任、社会参与和社会声望四个维度，通过对社会资本及其四个维度与农户合作供给行为进行考量与思辨，厘清依靠社会资本推进小型水利设施合作供给的可能性问题，系统而深入地讨论了社会资本及其维度对农户合作供给小型水利设施的影响，从而为借助社会资本力量激发农户合作供给积极性提供了有效的参考依据。该著作的理论框架构建和数理模型分析层层深入，显示出较强的逻辑性和实证性。

当然，本书也存在若干不足之处，特别是对于社会资本对农户合作供给发起的详细过程还可进一步梳理，对小型水利设施的投入成本核算细节还可进一步阐释和说明。希望她以后能够在这些方向进行更深入的研究。

陆　迁

2015 年 6 月 23 日

摘　要

　　小型水利设施是农业发展、农民生活和农村建设的重要基础。当前，水资源短缺、小型水利设施薄弱成为制约我国农村经济发展、影响农民生活、阻碍农村建设进程的突出矛盾。从供给主体视角，农村社区小型水利设施依托村民合作供给是一种有效的方式。合作供给需要出"核心农户"发起并协调和整合不同农户的需求，借助对供给成本的合理分摊以实现农村社区小型水利设施的有效供给，通过提高合作效率维护小型水利设施的长久合作。但从一些实地调研来看，很多村农户合作供给小型水利设施却困难重重。一是充当发起者的"精英农户"角色无法形成，导致众多农户合作供给需求意愿难以协调整合；二是组织成本和交易成本太高，无法达成有效的成本分摊方案，农村社区资源动员机制不易形成。此外，合作供给效率低下，缺乏持久性激励，致使农村社区小型水利设施合作供给长期不足。农村社区的复杂性、"熟人社会"的特点，决定了社会资本在农村小型水利设施的供给中不可或缺。社会资本作为表征农户异质性的重要变量，对合作供给过程中的发起人形成和组织方式选择产生影响。那么社会资本如何影响发起人的产生？它们如何影响农村社区小型水利设施合作意愿和支付意愿？对合作供给的效率产生何种影响？社区因子如何与农户社会资本交互作用于农户的合作供给？这是实现农村社区小型水利设施合作供给必须要面对的现实问题。

　　本研究基于社会资本视角，在阐释农户社会资本多维特征和拣选测度指标的基础上，构建农户社会资本指数，研究农户社会资本与农村社区小型水利设施合作供给的互动关系及影响机理，为促进我国农村社区小型水利设施合作供给制度创新提供理论和实证依据。首先，梳理现有社会资本文献，将农户社会资本划分为社会网络、社会信任、

1

社会声望、社会参与四个维度，采用陕西省咸阳市 890 户农户的入户调查数据，并利用因子分析方法测度指标权重，最终将各维度赋权加总形成农户社会资本指数。其次，在分析现有小型水利设施合作供给现状的基础上，利用博弈模型和规范分析阐释社会资本及其不同维度对农户自发合作供给形成的作用机理，采用 Logistic 模型估计农户社会资本及其不同维度对合作意愿的影响效果。然后，运用 Heckman 两步法模型估计农户社会资本及不同维度对支付行为的作用强度，分别利用 Logistic 和 CVM 模型测度农户合作成本分担方式和支付意愿金额，试图回答社会资本对小型水利设施合作实施阶段农户行为的影响。再次，利用 DEA-Tobit 模型测算农户社会资本对合作供给效率的影响。最后，利用分层模型（HLM）模拟和分析农户社会资本因子和社区因子对农村社区小型水利设施合作供给的交互作用。在此基础上，提出农村社区小型水利设施合作供给制度创新的政策建议。本书得出的研究结论主要有以下几个方面：

（一）农户社会资本由社会网络、社会信任、社会声望和社会参与四个维度构成，选取四个维度显性指标构建的社会资本指数具有一定的可行性和科学性。农户社会资本特征表现为总体水平不高，其中，社会网络没有显著差异且网络规模较小；农户社会信任处于较低的水平，农户的声望较高，社会参与度较低。

（二）社会资本对农村社区小型水利设施合作组织形成有重要影响。社会资本通过网络信息交流、增强信任、提高声望和参与度等促使农户形成自发合作。实证结果表明，社会资本对农户小型水利设施合作意愿有显著的正向影响，在社会资本不同维度方面，社会网络和社会参与均对小型水利设施合作供给有显著的正向影响。

（三）社会资本能够降低交易风险和不确定性，正向促进小型水利设施合作供给契约顺利实施。小型水利设施建设支付行为受到社会参与的显著正向影响。合作实施的关键是成本分担方案的制定。合作成本分担方案制定要遵循公平和效率原则，最优的成本分担方式是按照灌溉面积分担成本，最优意愿支付金额为水利设施成本总投入的36.7%。

　　（四）社会资本能够降低监督成本、协商成本等交易成本，减少合作风险，提高小型水利设施合作供给效率。实证分析结果表明合作者的效率高于非合作者的效率，合作供给方式对小型水利设施管理技术效率提高有显著激励作用，社会资本也是影响效率的重要因素，社会资本不同维度中的社会信任、社会声望、社会参与的影响更为显著。

　　（五）农户合作行为是在农村社区经济发展、民俗风情等环境约束下做出行为选择的结果。社区环境和个体行为互动关系和作用效果的模拟表明个体间的合作行为有 42.3%的变异是由于社区环境不同导致的。此外，社区因素对个人社会资本特征效应作用方向不一，并且还发现同一社区因素通过对不同维度社会资本的增强或削弱效应，进而对合作意愿产生不同方向的影响。

目　录

目　录

3

第1章

导　言

　　农户自发合作供给提供小型水利设施问题，是我国公共管理领域亟待研究的重要课题，也是政府公共部门利用制度外手段实现公共产品供给需要解决的迫切问题。当前，水利设施供给不足，尤其是适合分散原子化农户的小型水利设施的供给严重短缺，直接反映出我国小型水利设施投资机制的缺陷。具有公益性小型水利设施的投入过分依赖政府，依靠内部组织环境解决小型水利设施供给不足尚未得到应有重视。在中国农村社会，社会网络、信任、声望、参与等社会资本成为农户自发合作的重要纽带。农户如何借助社会资本发起合作、如何实施和如何维护合作使得合作能够长久下去，是农户自发合作需要回答的关键问题。在此基础上，本研究基于社会资本视角，探讨农村社区合作供给过程中农户行为，阐释社会资本对农村社区小型水利设施合作供给的作用机理，试图为我国农村社区小型水利设施合作供给制度创新提供决策参考。

1.1 研究背景

1.1.1 小型水利设施供给不足是制约农村经济发展的突出矛盾

水资源短缺、水利设施薄弱是制约我国农村经济发展的重要问题。2010 年我国因洪灾直接造成的经济损失达 3745 亿元，因干旱直接造成的经济损失达 769 亿元（陈锡文，2011）。水利是农业经济的基础，直接关系到我国的粮食生产和安全。我国农村土地相对分散，农田灌溉主要以小型水利设施为主。小型水利设施健康顺畅的供给对国家粮食安全、农业生产和发展的意义更为重大。小型水利设施具有公益性特点，单个农户难以承担高额的建设成本，其供给主要由国家和地方财政提供，但税费改革取消农业税后，"三项提留"和共同灌溉农田的"生产费"被禁收取，长期的历史欠账使得许多乡镇陷入了财政困境，弱化了政府供给小型水利设施服务的职能。

据水利部统计，"截至 2014 年底，全国农田有效灌溉面积 9.37 亿亩，仅占耕地面积 51.5%，还有近半数的耕地是'望天田'，缺少基本灌溉条件。"小型水利设施供给过程中存在的种种问题，加剧我国小型水利设施的脆弱性，小型水利设施供给不足直接成为制约中国农业现代化进程的瓶颈。

1.1.2 农户合作供给是实现小型水利设施供给的有效方式

税费改革后，一些地方政府财力捉襟见肘、财政支出不足、乡镇财政短缺导致保障灌溉用水的小型水利灌溉设施年久失修，设备破损严重，极大地降低了农业的抗风险能力，威胁粮食安全，致使农业发展后劲不足。小型水利设施建设单靠政府的财政拨款难以为继，改变这种状况的关键应从供给制度上创新，鼓励农户自发合作介入小型水利设施供给。从供给主体视角，农村社区小型水利设施依托村民合作供给是一种有效的方式（王昕、陆迁，2012）。小型水利设施属于"俱乐部产品"，其供给可以通过私人自发合作来实现，合作主体的选择需要将合作组织和核心农户相互融合（周洪文、张应良，2012）。

实现农村社区小型水利设施的有效合作供给需要由"核心农户"（精英农户）发起并通过协调和整合不同农户的需求，借助对供给成本的合理分摊得以实现。但从一些实地调研来看，很多村农户合作供给小型水利设施却困难重重。一是充当发起者的"精英农户"角色无法形成，导致众多农户合作供给需求意愿难以协调整合；二是组织成本和交易成本太高，无法达成有效的成本分摊方案，农村社区资源动员机制不易形成。此外，合作供给效率低下，缺乏持久性激励，致使农村社区小型水利设施合作供给长期不足。因此，要激励农户合作行为，顺利实现小型水利设施的合作供给，就需要解决合作如何发起，如何实施和如何稳定合作的问题（杨帅、温铁军，2011）。

农村社区小型水利设施合作供给是众多单个农户行为选择的结果。理论上农户个体行为决策可以用个体异质性来表征。农村社区的复杂性、"熟人社会"的特点，决定了社会资本在农村公共产品的供给和管理中不可或缺。社会资本作为表征农户异质性的重要变量，对合作供给过程中的发起人形成和组织方式的选择产生影响。

那么社会资本如何影响农村社区小型水利设施合作发起和合作实施？对合作供给的供给效率产生何种影响？社区因子如何与农户社会资本交互作用于农户的合作供给？这是实现农村社区小型水利设施农户合作供给亟须回答的问题。但是，目前社会资本对集体行动的影响研究缺乏统一的和更为深入的理论分析框架（彭长生，2008），两者之间的相互关系尚未形成一致性的结论（宋妍、晏鹰，2011），对农户合作供给过程依然缺乏细致的实证研究。

基于以上背景，本书将运用社会资本理论和集体行动理论，以社会资本为研究视角，以小型水利设施的合作供给过程为研究对象，对农村社区小型水利设施合作供给的影响机理进行深入探讨，回答在农户自发合作供给小型水利设施的过程中如何发起合作、如何组织实施合作、合作供给效率如何、社区环境如何与农户社会资本交互影响农户合作等问题,试图揭示小型水利设施农户合作得以实现的条件,以期为促进我国农村社区小型水利设施供给制度创新提供理论和实证依据。

1.2　研究目的及意义

1.2.1　研究目的

本书基于农户社会资本视角,考察农村社区小型水利设施合作供给过程中,社会资本如何对合作供给产生影响,阐明农村社区小型水利设施合作供给的实现机制,重点回答农村社区小型水利设施合作供给中的"合作发起、成本分担和合作效率"问题,为我国农村社区小型水利设施合作供给制度创新提供理论和实证依据。具体目标如下:

(1)构建社会资本指数,识别农户社会资本特征。在梳理相关理论文献的基础上,阐释农户社会资本的含义,界定农户社会资本内涵,将农户社会资本划分为社会网络、社会信任、社会声望和社会参与四个维度,设计出能够反映社会资本不同维度的指标,利用因子分析方法构建社会资本指数,为农户社会资本度量提供可靠的测度工具。在此基础上,描述农户社会资本及其不同维度的表现与特征。

(2)从小型水利设施供给现状出发,解释小型水利设施合作形成的路径机理。农户合作发起是合作主体角色形成和合作意愿整合的一系列过程。首先,利用博弈分析模型探讨合作发起的实现条件,分析核心农户的特征,阐释社会资本及其不同维度对合作发起的作用机理;然后,利用 Logistic 模型分析农户社会资本及其不同维度对小型水利设施合作行为的影响效果。

(3)合理的成本分担方案制定是确保小型水利设施合作供给顺利实施的关键。通过农户社会资本对支付行为的计量分析,考察农村社区小型水利设施合作实施过程中,合作实施的成本分摊方式和意愿支付金额,探讨社会资本不同维度对农户支付行为的作用强度。

(4)对合作供给效率进行测度,并说明社会资本及其不同维度对合作供给效率的影响程度。采用 DEA 方法进行效率测度,比较合作者和非合作者的效率差异,在此基础上,应用 Tobit 模型估计社会资本及其不同维度与技术效率间的关系,强调农户社会资本对提高合作供给效率的重要性。

(5)揭示农户社会资本特征和社区因子对农村社区小型水利设施合作供给的交互影响及其互动机制。本研究在对社区环境因子进行甄别、筛选和量化分析的基础上,构建分层模型,模拟农户社会资本和农村社区两个层次变量对合作行动的互动影响,重点考察这两大类因素如何影响农户的合作供给行为,并提出促进农村社区小型水利设施合作供给的政策建议。

1.2.2 研究意义

水利设施是农村经济发展的"先行资本",对提高农民福利、促进农村经济发展起到关键作用。但是农村社区小型水利设施长期存在供给不足、结构失衡、效率低下等问题(马晓河、刘振中,2011),严重制约农村经济和社会的可持续发展。以小型水利设施为例,从一些实地调研情况来看,小型水利设施的确能够通过农户合作来自发供给,但也有很多村依托村民合作来自发供给水利设施困难重重,出现"搭便车"现象和霍布斯丛林怪状。随着市场经济发展和土地流转市场化改革的进行,我国社会结构发生了剧烈的变迁,经济发展和土地流转加速了农户分化,这种分化不仅表现在农户收入方面,还表现在农户偏好、资源禀赋、人力资本和社会资本差异等多个方面。农村社区小型水利设施合作供给是众多单个农户行为选择的"总和",农户在农村社区小型水利设施合作供给中扮演着重要角色。本研究引入社会资本,突破"同质性"假设,为寻找农村社区小型水利设施的合作供给路径提供理论和现实依据。

1.2.2.1 理论意义

本书的理论意义集中表现为以下三个方面：

（1）以农户社会资本不同维度为基础，构建小型水利设施合作供给的社会资本理论分析框架，通过社会资本对农村社区小型水利设施合作供给的效应分析，系统地解释了社会网络、社会信任、社会声望、社会参与四个维度如何影响到小型水利设施合作组织的形成、组织的实施和合作效率，丰富了社会资本理论；构建社会资本指数为研究农户社会资本提供了有效的测度工具。

（2）利用实证分析和博弈分析工具揭示农户行为合作供给过程中的选择逻辑，既可以补充集体行动理论的研究内容，又能部分填补我国农村社区小型水利设施农户合作供给理论研究方面的空白。

（3）将农户合作纳入到社区环境的研究框架中，探寻嵌入不同社区约束条件下农户对小型水利设施合作供给的作用机理，并模拟个体与社区的互动关系，为社区激励农户参与治理公共物品带来一定的学术启发，并扩展了嵌入理论的研究内容。

1.2.2.2 现实意义

小型水利设施对农业增产有重要意义。但由于历史欠账和供给渠道单一等问题导致小型水利设施供给严重不足，极大地制约了粮食生产条件，威胁我国粮食安全。农户是小型水利设施的基础灌溉主体，农户合作成为缓解供给不足的一种有效方式。与此同时，市场发展和土地流转加速农户的分化，导致农户的异质性特征日益明显，在具有典型人情关系的农村社区，社会资本的异质性更加突出。本书基于社会资本视角，通过构建农户社会资本指数，从社会网络、社会信任、社会参与和社会声望分析农户社会资本不同维度的特征，在指出小型水利设施合作供给存在问题的基础上，阐释了社会资本对农村社区小型水利设施合作供给过程中的组织发起、组织实施和评价阶段的影响机制，全面地分析了社会资本及其不同维度（社会网络、社会信任、社会参与和社会声望）与农户合作供给间的逻辑关系，为寻求突破合作供给困境找到一条切实可行的路径。运用实证研究方法厘清农村社区小型水利设施合作意愿、支付意愿和合作供给效率影响因素，模拟社区环境与农户个体特征的交互作用，测度农户社会资本对合作供给行为产生的影响及效果，拣选出社区激励因子，为激发农户自发合作提供了理论依据，为相关职能部门供给公共物品提供决策参考和实证依据。

1.3 国内外研究动态

1.3.1 公共产品供给研究

19 世纪末，公共产品理论开始兴起，众多学者对公共产品进行定义，而公共产品的定义主要以萨缪尔森为代表。Samuelson（1954）将公共产品定义为同时具有消费非竞争性和受益非排他性的产品。公共产品供给具有繁荣经济和发展社会的作用（Komives, Whittington 和 Wu，2001），需要大量被供给。公共产品实现有效供给的前提条件是边际成本与边际收益大体相当。以此为基础，学者展开了对公共产品供给主体的探讨。Alesina et al.（1999）认为将政府与私人供给相结合能够提高供给的效率，这既可以避免私人供给的搭便车和产权不明，又可以避免政府失灵。Coase（1974）则强调依靠私人提供和经营公共产品的必然性和可行性。Demsetz（1970）也通过分析得出在排除不付费者的情况下，私人提供公共产品是有效率的。Frank（2010）以水利设施投资为例，认为多中心投入能够增强水利投资的力度和提高供给效率。埃莉诺·奥斯特罗姆（2000）则认为人类社会中的自我组织和自治等非正式制度是解决大量公共资源问题的有效途径，强调了民间合作供给在公共产品供给中的作用。

农村公共产品是由当地农村居民参与供给的"产品"。由于意识到公共产品供给对促进工业化、城镇化、信息化和国际化有正向作用（刘生龙、胡鞍钢，2010），公共产品供给问题备受国内学者关注。当前，我国农村公共产品供给存在主体不足、规模较小、供给结构不合理以及效率较低等突出问题（熊巍，2002；骆永民，2010）。学术界多倾向于从供给主体、供给资金、供给机制等角度研究供给不足问题，认为单中心体制是造成供给不足的主要因素（刘炯、王芳，2005），其中政府投资不足和非政府力量利用不足是关键（贾康、孙洁，2006）。突破农村公共产品供给局限需要对农村公共产品供给制度进行创新（陈永新，2005），公共产品可由政府直接组织生产，也可由私人或农村合作组织生产。宋超群、周玉玺（2010）、惠恩才（2012）、俞雅乖（2012）倡导将国家、民间投资和农户自身投入结合起来供给公共产品。贺雪峰、罗兴佐（2006）、朱陈松等（2010）、王金国（2012）依然坚持国家在村庄公共产品供给中的主体作用。刘佳等（2012）认为省直管县是公共产品的重要财政来源。而孔祥智、涂圣伟（2006）认为政府外市场、民间和第三部门的公共产品供给主体功能应不断地被挖掘。彭长生、孟令杰（2007）运用中部地区的调查数据实证分析得出仅靠政府投入无法满足公共产品需求，动员广大农户投入是解决公共物品供给困境重要举措。张林秀等（2005）用调查数据说明村级组织和农民自己是公共产品投资的主体。由农户自愿供给农村社区内的公共产品是有效途径（符加林等，2007）。于水、曲福田（2007）也进一步验证了该观点。根据农村公共产品的性质和受益范围来确定不同公共产品的供给主体是实现公共产品有效供给的重要选择。如辛波等（2011），提出像灌溉、乡村道路建设等这些具有"俱乐部"性质的公共产品，可以由乡镇级政府、村民委员会和村民联合来提供。吴士健（2002）等人认为小范围受益的低级公共产品，如小型水利设施，可以由农民以自发合作的方式提供。民间自发参与对解决水利设施管理提供了新思路（张宁等，2012），农户参与是破解小型水利设施供给困境的重要途径（杜威漩，2012；王昕、陆迁，2014）。曲福田等（2013）提出可以由涉农企业进行投资建设，但在水利建设、水利管护的不同阶段，投资资金是有差异的。具体该如何通过农户合作来实现小型水利设施供给的研究几乎空白。

1.3.2　社会资本研究

　　社会资本最早由 Hanifan（1916）提出，他认为社会资本实质是一种关系，个人通过利用这种关系可以在一定程度上满足其市场需求。此后，社会资本激发学者的研究兴趣，Loury（1977）最先将社会资本概念引入经济学中，将社会资本定义为有价值或技能的人在促进市场交易时产生的社会关系。在此基础上，部分学者围绕网络结构定义社会资本。如 Bourdieu（1986）认为社会资本是网络集合，在网络中的每个成员都占有一定的资源，可以通过在社会网络中使用这种资源来获益（Lin，2003）。一些学者分别从信任、权威和参与角度给出了社会资本定义。Fukuyama（1998）侧重强调了信任是社会资本的主要表现形式，认为社会资本可以产生对成员信任，从而促进合作行为。Coleman（1989）认为社会资本是"个人拥有的、以社会结构资源为特征的资本财产，人们将自己的一部分权利转让给他人，以换取对他人资源的控制"，强调人们之间对资源控制的权威关系为社会资本的表现形式。Putnam（1995）通过对社会成员中政治参与程度的分析认为社会参与可以形成合作，成为社会资本的一部分。

　　Burt（2000）对社会资本界定的思路是现存的结构提供给行动者"互惠的预期"和"可强制推行的信任"这两种约束，使行动者能够通过"理性的嵌入"或者"结构的嵌入"来具有某种成员资格，从而得到获取稀缺资源的潜力。这种嵌入实际上是一种社会参与，这种参与使不同的成员融入到整个组织中来。

　　国内学者张其仔（2002）最早探讨了社会资本的定义，从社会网络角度探讨了社会资本与经济增长、劳动力转移、技术创新和制度创新的关系。边燕杰等（2000）将社会资本抽象为一种社会网络关系和通过这种关系摄取稀缺资源的能力。顾新等（2003）认为社会资本是两个人或者多个人交互作用的产物。因此，衡量社会资本主要从个体和组织的规模、地位等方面入手。李惠斌、杨雪冬（2000）强调了组织机构、个人长期共同形成的价值观、规范和信任是社会资本的主要形式。刘赟（2009）和黄岩、陈泽华（2011）从宏观角度出发，认为社会资本是由关系网络、信任和社会规范构成的。张群梅（2014）指出农村现代社会资本由信任、网络、规范构成，社会资本是解释农户行为的重要工具。但是关于社会资本的概念尤其是农户社会资本的研究并没有形成一致意见（张文宏，2011）。社会资本测度需要将隐性指标显性化，但学术界尚未找到一致的指标测度社会资本（刘赟，2010）。

1.3.3 集体行动研究

个体冲突和集体冲突会导致公共产品提供不足的悲剧性结果，其中代表性模型有阿罗的"不可能性定理"、萨缪尔森的"搭便车理论"、博弈论中著名的"囚徒困境"、哈丁的"公共地悲剧"（温思美，2010）。这种集体行为选择理论是建立在同质性假设的基础上，忽视了现实生活中的差异性。Olson（2009）最早引入异质性概念来解释集体行动，研究了群体规模和资源禀赋对集体行动的影响，认为集团中个体差异是实现集体物品自发供给的主要因素。Putnam（1993）则认为解决集体行动困境的关键要素是社会信任、互惠规范以及参与网络。Thöni et al.（2012）强调互利互惠在农户合作中的关键作用。而 Ostrom（1990）认为个体异质性对集体行动有负向影响。Olson 和 Ostrom 关于个体对集体行动影响对立的观点引起了学者的兴趣，许多学者试图找到贡献一致的结论，但仍存在很多难题。

国内方面，郑风田等（2010）指出在农村基础设施制度变迁过程中，面临"双重两难"困境，同时存在政府调控和市场失灵、政府与农民的矛盾。由于小型农田水利设施的"俱乐部产品"属性，农户对小型农田水利的自我供给容易陷入"囚徒困境"（吕俊，2012）。学者从不同行为主体角度进行分析给出集体行动困境的解决方案。张明林等（2005）指出异质性组织成员结构、合理的利益共享、成本分摊机制和组织受益存在超可加性是实现集体行动的四个必备条件。陈潭、刘建义（2010）以典型农村为例，建议通过乡村社会资本重构、"有偿"

供给、政府投资、构建小集团供给模式等手段激励集体行动。贺雪峰、罗兴佐（2006）强调国家在公共物品供给中的主体作用。赵晓峰（2007）也强调国家力量的作用。胡拥军、毛爽（2011）赞成农村社区成员自愿筹资投劳的合作供给方式，认为农村社区"熟人社会"产生的社会资本有利于实现农村社区成员的合作供给。李琼、游春（2007）以公共水资源的社区自治为例，分析得出要利用以互惠等形式的非正式制度实现合作。毛寿龙、杨志云（2010）认为农村经济发展、社会资本成为影响农户合作的重要因素。小型水利设施的供给更是如此（田先红、陈玲，2012）。坚持农民的主体地位，重视声誉等非经济诱因的作用，"由农户自愿供给农村社区内的公共产品会是一个有效的结果"（符加林等，2007）。国内对与集体行动关系的研究尚处于起步阶段。彭长生等（2007）研究了偏好对集体行动的均衡影响，认为农户个体偏好异质性能够很好地解释集体行动。社会资本能够影响到集体行动。

1.3.4 社会资本与合作供给研究

20 世纪 80 年代，随着社会资本概念的兴起，经济学家将社会资本概念引入经济学的分析中，试图解释集体行动困境。Coleman（1989）定义社会资本是由一系列不同具有社会结构的某些特征的实体构成的，社会资本能够促使结构内部参与者采取行动。Uphoff（2000）认为社会资本会形成信息交换与交流，促成集体行动。Durlauf（2004）指出社会资本通过网络和信任使得合作得以实现。Isaac 和 Walker（1988）通过实验研究发现参与者的面对面交流使得公共产品的贡献总额能够保持在一个相当高的水平上。埃莉诺·奥斯特罗姆（2000）通过对尼泊尔 150 个灌溉系统的经验性研究，认为社会资本可以使集体成员消除彼此之间的不信任，达成集体行动。Rhodes（1996）认为有共同需求的农户联合起来可以增加自身公共产品的供给能力。Keser 和 Winden（2000）认为人们的自发合作供给行为是以乐观预期和互惠行为为前提条件的。因领导者具有较高的惩罚水平对其他成员行为形成约束，农户组织领袖在合作持久性中起着重要的作用。Bhuyan（2007）从农户被尊重程度出发，认为农户被重视会抬高其合作的意愿和信心。社会资本对走出集体行动困境，实现成员之间的合作具有一定说服力。

随着"三农"问题的凸现，国内一些学者重点讨论了社会资本促进农村公共产品供给的作用。贺雪峰（2004）认为一个村庄的社会资本存量越大，村内的信任水平就越高，村庄的自组织能力也就越强。村民具有很强的集体行动能力，在面临公共产品供给问题时，更容易产生一致的行动。贺雪峰、罗兴佐（2006）还证明了在某种情况下由社会资本网络组织供给农村社区公共产品也可以成为一种有效均衡。陈宇峰、胡晓群（2007）进一步从嵌入性与社会网络的视角分析民间供给农村公共产品的可能性。李军（2007）指出农村社区精英是农户合作供给公共产品的关键人物。郑适、王志刚（2009）研究发现农户会对合作组织发起人的能力进行评估并做出抉择决策，他们更倾向于与当地的能人合作。余锦海（2012）提出政府应该培育多种形式的社会资本激励农户合作。部分学者强调信任在农户合作供给中的重要作用（黄珺，2009；刘鸿渊等，2010；刘宇翔，2011；刘法威，2011；聂磊，2011）。赵泉民、李怡（2007）从关系网络角度阐释了农户关系网络是影响农户合作的主要原因。与此观点一致的还有张林秀等（2005）、王先甲等（2011）。贺振华（2006）认为应将合作供给纳入社区环境中进行分析，但鲜有文献关注社区环境与个体行为的互动作用。

综上所述，学术界从不同的视角对公共物品供给、社会资本与集体行动间的关系进行了理论和实践探讨，取得了较为丰硕的成果，对我们的研究有很大的启发和借鉴意义。但是，现有文献研究也存在一些不足：一是社会资本具有多维特征，但大多数研究主要是从某一维度去讨论其影响效果，且多采用博弈论的数理演绎方法；二是农村社区公共产品供给方面的研究主要以理论分析为主，实证研究不足，仅占 19.35%（孙玉栋、王伟杰，2009）；三是目前有关对集体行动影响的研究结论差异较大甚至相互矛盾，在研究中可能存在对外生变量交互作用的忽视。本书将在前人研究的基础上，基于农户社会资本视角，对农村小型水利设施合作供给过程中农户选择行为进行实证分析，探讨农户因子和社区因子对合作供给实现的影响机制，最终为我国农村社区小型水利设施合作供给制度创新提供理论与实证支持。

1.4　研究思路、内容与方法

1.4.1　研究思路

本研究主轴沿着"农户社会资本——影响合作行为——影响合作供给效率——制度创新和政策建议"这条内在逻辑线路展开。第一，梳理相关理论文献，界定农户社会资本内涵，从社会网络、社会信任、社会参与和社会声望四个方面设计指标体系，利用因子分析方法构建农户社会资本指数，统计分析农户社会资本不同维度特征。第二，从农村社区小型水利设施合作供给现实分析入手，找出农村合作供给困境的成因，引入农户社会资本概念作为解释现状的关键变量。第三，从农村社区小型水利设施合作供给过程展开，运用博弈模型和 Logistic 模型考察农户社会资本及其维度如何影响组织发起形成，并探讨核心农户的特征；运用 Heckman 两步法模型考察农户社会资本及其不同的维度对农户支付行为的影响；采用线性分层模型（HLM）进一步探讨社区特征和农户特征对合作供给行动的关联互动关系。第四，利用 DEA—Tobit 模型探讨农户社会资本及其不同维度对合作供给效率的影响效果，探讨社会资本及其不同维度在合作供给评价阶段的作用机理。第五，在以上分析基础上，提出促进农村社区水利设施合作供给制度创新的思路和政策主张。

依据系统抽样调查研究方式，设计调查方案，获取研究所需支撑数据；通过文献分析、比较分析和统计分析，归纳和提炼出影响合作行为的农户特征和农村社区关键变量，并形成有关农户社会资本与合作供给的系列假设；构建计量经济模型，对形成的各种假设进行检验和验证；根据理论和实证研究结果，给出政策建议。技术路线图如图1-1 所示。

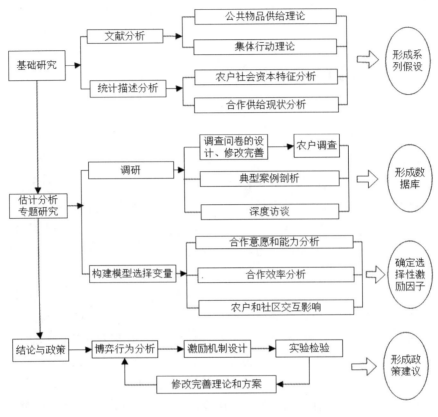

图 1-1. 技术路线

1.4.2 研究内容

基于社会资本视角，围绕现有的研究基础和研究目标，本书主要内容展开如下：

第一章，导论。重点说明本书的研究背景、研究目的和意义，综述并评析国内外研究成果，阐释本书的研究思路、内容，说明本书主要采用的研究方法和数据资料来源，确定明确的分析思路和技术路线。

第二章，研究的理论基础。首先对小型水利设施、农户社会资本和农户合作供给的研究概念和范围进行了界定，然后从公共产品理论、社会资本理论和集体行动理论对小型水利设施合作供给进行理论分析，界定农户社会资本，分析农户社会资本的功能和作用，阐释社会资本、集体行动、合作供给间的作用机理，为本书对基于社会资本视角的研究小型水利设施合作供给提供理论基础。

第三章，农户社会资本指数构建及特征分析。通过梳理现有文献关于社会资本的概念和测度方法，从社会网络、社会信任、社会参与和社会声望四个维度，筛选表征农户社会资本特征的指标体系，利用因子分析法建立社会资本指数模型。在此基础上，分析了农户社会资本及其维度的特征。

第四章，农村社区小型水利设施合作供给的现状。从宏观视角分析了中央、省、市对水利设施的投资现状。根据调查区域的数据，从供给规模、供给主体、供给效率等方面分析了小型水利设施供给及合作供给在供给数量、供给质量、参与意愿、参与困境、支付意愿、支付困境等方面的现状，指出现在农村社区小型水利设施合作供给存在的问题。

第五章，社会资本对农村社区小型水利设施合作供给的影响分析。在前述分析及其调研的基础上，从社会资本视角考察在小型水利设施合作组织形成阶段，不同的农户如何通过自身利益的最大化进行博弈选择，探讨纳入社会资本情景下的组织角色形成的均衡条件；分析核心农户的形成及特征；利用 Logistic 模型从实证角度分析社会资本及其维度对小型水利设施农户合作供给意愿的影响强度及作用机制。

第六章，社会资本对农村社区小型水利设施合作实施的影响分析。从社会资本视角梳理了小型水利设施合作形成后，在组织运营上的运作机理，即如何组织进行合理的成本分担。利用 Heckman 两步法模型实证分析了农户支付意愿和支付金额的影响因素，讨论社会资本及其维度对支付行为的作用效果。在此基础上，制定了农户合作供给的成本分担原则，探讨满足农户需求的成本分担方式并确定农户最大意愿支付金额。

第七章，社会资本对农村社区小型水利设施合作供给效率的影响分析。先是从降低成本角度分析了社会资本对小型水利设施合作供给效率的作用机理。然后利用 DEA 模型计算了小型水利设施的技术效率，并对合作与非合作农户的技术效率进行比较。最后利用 Tobit 模型分析效率影响因素，考察合作模式和社会资本及其不同维度对合作供给效率的激励强度。

第八章，农户社会资本与社区因素对小型水利设施合作供给影响分析。在阐释现有的理论和现实的基础上，将农户合作供给行为纳入社区层面，拣选出社区激励因子，利用线性分层模型（HLM）模拟了社区因子和个体因子间的互动关系和作用效果，回答如何利用社区环境激励农户合作问题。

第九章，结论、政策建议与研究展望。在梳理全书的基础上，再次概述了本研究的相关结论；从营造有利环境、培育和建设社会资本、培养精英农户、构建合理的成本分担方式、加强社区组织建设等方面提出了政策建议。此外，指出了本书在研究方法和内容上的局限及进一步研究的内容。

1.4.3 研究方法

（1）文献分析法

通过收集、整理国内外关于社会资本，特别是涉及集体行为的研究文献，吸收、借鉴先进的研究方法、理论模型，归纳出能够反映农户社会资本特征的维度指标，建立表征社会网络、社会信任、社会参与和社会声望的显性指标体系，应用因子分析方法构建农户社会资本指数。并通过对相关文献的梳理从公共物品、社会资本理论、集体行动理论方面说明本研究的理论基础。

（2）计量模型法

① 拟采用因子分析方法构建社会资本指数。

在梳理社会资本相关文献的基础上，基于社会网络、社会信任、社会声望和社会参与设计指标体系，在对问卷和设计指标进行一致性检验的基础上，对数据进行标准化处理，参考马九杰（2008）指数构建方法，运用因子分析方法，选择网络规模、网络差异和网络密度构建社会网络指数，选择个人信任、制度信任和一般信任构建社会信任指数，选择互惠和受尊重程度构建社会声望指数，从集体事务参与和民主权利表达方面构建社会参与指数，最终将四个指数融合到一起，构建社会资本指数。

② 拟采用 Logistic 模型研究农户社会资本变量与合作意愿之间的关联关系和影响效果。

本书采用 Logistic 模型测度农户社会资本对农户合作行为的作用程度。该模型适用于二分类变量。将个体特征、用水环境等指标作为控制变量，利用 STATA12.0 统计软件进行估计，通过估计结果考察农户社会资本及其不同维度对合作供给意愿的作用方向和影响效果。

③ 拟采用 Heckman 两步法模型研究影响合作供给支付行为的因素。

Heckman 选择纠偏模型检验样本是否存在选择偏误。之所以选择该模型的原因在于问卷调查样木中既包括参与合作的农户，也包括一些不参与合作的农户。合作供给效率能否被观察到，首先取决于农户先前的一个选择过程，即农户是否选择合作，只有先选择合作的农户其支付金额才能被观察到。模型的被解释变量为支付行为。解释变量包括农户特征变量、社会资本变量和用水环境等变量。

④ 拟采用 DEA-Tobit 模型研究合作供给效率及其影响因素。

采用 DEA 模型对合作农户与非合作农户小型水利设施的技术效率进行比较，考察合作是否能够带来效率的增加，并进一步用 Tobit 模型进行影响因素分析。模型的被解释变量为小型水利设施的技术效率。解释变量包括制度变量、农户特征变量、组织变量和社会资本变量。

⑤ 拟利用分层模型（HLM）来分析和检验农村社区和农户特征差异两个层次变量对合作行动的互动影响。

选择分层模型的理由是可以在一个模型中通过嵌套子模型来对农村社区和农户特征两个层次的变量影响效果进行分析，从合作行为的角度展示农户特征变量和社区变量相互影响的复杂互动机制。首先，假定农村社区和农户特征差异两个层次变量对合作行动的影响，计算组内相关系数判定农村社区和农户异质特征这两类因素对合作行动的解释程度。其次，将筛选的社区变量和农户特征变量同时纳入分层模型，可以反映出不同层次的结构。

（3）调查资料法

调查方案设计中，调查对象的选取考虑经济发展和地域文化特点，结合省政府中小型农村水利设施重点建设县市单位，拟选取具有典型代表性的陕西省咸阳市为典型调查地，按照县、乡系统采用随机抽样方法，随机抽取 5 个乡镇，每个乡镇随机抽取 8 个村，每个村庄随机抽取 25 户农户进行入户调查，共计样本 40 个村，1000 户农户，进行面对面问卷调查，结合典型调查和深度访谈，获取第一手资料。宏观数据来源于《中国统计年鉴》（2002-2012）、《全国水利统计公报》（2002-2012）、《陕西省统计年鉴》（2002-2012）、陕西省水利厅相关部门，依托学校图书馆的图书、报纸、杂志以及网络文献资料整理获得资料汇编。

1.5　本研究可能创新之处

本研究基于社会资本视角，主要的创新在于：

（1）运用统计学中潜变量方法将不易观察和描述的农户社会资本特征显化，基于农户调查数据，通过信度检验和一致性检验，基于社会网络、社会信任、社会参与、社会声望筛选表征农户社会资本不同维度的指标，用因子分析方法构建农户社会资本指数。农户社会资本及其维度具有总体水平不高、社会网络规模较小、社会信任水平普遍较低、农户社会声望较高和社会参与较弱等特征。

（2）利用 Logistic 模型分析社会资本及其不同维度（社会网络、社会信任、社会参与、社会声望）对农户合作行为的影响，得出社会资本是影响农户合作供给的关键变量，在社会资本不同维度中，社会网络、社会参与对农户合作行为的作用强度更大。

（3）构建社会资本与小型水利设施合作供给的成本分担框架。利用 Heckman 两步法模型分析得出社会资本对农户在小型水利设施支付行为有显著影响。利用 Logit 模型分析得出农户在合作供给的成本分担方式选择上更加倾向于基于灌溉面积分担的方式，利用 CVM 模型测度出农户愿意承担的投入成本为总成本的 36.7%。

（4）运用 DEA-Tobit 模型测度小型水利设施合作供给效率及其影响因素。合作供给农户和非合作供给农户的技术效率存在显著差异，合作者供给效率高于非合作者。社会资本和合作供给方式是影响农户小型水利设施技术效率的决定因素。社会信任、社会声望和社会参与对合作供给效率有显著正向影响。

（5）利用 HLM 模型考察农村社区与社会资本对小型水利设施合作供给互动影响，探索农户社会资本与社会环境交互作用的实际效果。研究结果表明，农户的合作供给有 42.3%可以由社区差异解释，社会资本不同维度与社区因素交互作用方向不一，农户个体社会资本和社区环境共同影响小型水利设施的合作供给。

第2章

理论基础

　　小型水利设施是农业发展的重要基础，直接关系到农民的生活水平，关系到新农村建设，影响到农村的稳定和发展，因此研究小型水利设施供给具有重大现实意义。小型水利设施是农村社区公共产品，要想科学合理地研究小型水利设施的合作供给，首先要明确研究对象概念，其次需要厘清公共产品理论、社会资本理论、集体行动理论与合作供给的发展脉络。本章通过对研究对象的含义进行界定，构建理论框架，为下一步研究展开提供理论基础。

2.1　相关概念的界定

2.1.1　小型水利设施

　　关于小型水利设施的定义没有统一标准，参考相关文献（刘铁军，2004），本书选取最为常用的小型水利设施定义，将农村社区小型水利设施定义为灌溉面积1万亩、除涝面积3万亩、库容10万立方米、渠道流量每秒1立方米以下的水利工程和农村供水工程，包括小型水源（含抗旱水源）工程、渠道及其配套建筑物、小型泵站以及直接为农田灌溉排水服务的小型河道治理等工程，重点是大中型灌区的田间灌排工程、小型灌区、抗旱水源工程。陕西省咸阳市是西北干旱地区的典型，该区域范围内的小型水利设施种类繁多，主要是衬砌渠道、配套建筑物、小型抽水站、泵房、机井等，在本书中，重点考察农户常用的机井、渠道及其配套建筑物，在调查和分析中，将其统一定义为小型水利设施。

2.1.2　农户社会资本

社会资本是社会学、经济学交叉的跨学科领域，理论界对社会资本内涵界定存在差异，厘清现有社会资本的概念，把握社会资本的内涵是研究社会资本的前提和基础。社会资本最早由 Hanifan（1916）提出，他认为社会资本是组成社会单元的群体和家庭中的善意、同胞感、同情心和社会交往关系，这些是人们日常生活中最重要的东西，个人或家庭通过利用这些东西可以在一定程度上满足其需求和利益。Hanifan 主要从社会学角度界定了社会资本，强调社会资本是个人和家庭构成的关系，而这种关系具有获取资源、满足需求的特征。最先将社会资本引入到经济学分析中的是 Loury（1977），他将社会资本定义为"促进或帮助获得市场中有价值的技能或特点的人之间自然产生的社会关系"。Loury 的定义和 Hanifan 的定义都强调社会资本是一种社会关系，社会成员是关系网络中的受益者，但 Loury 限定了社会关系中成员的内涵，突出指出这种关系成员是具有某种禀赋的。法国学者布迪厄（Bourdieu，1997）则认为社会资本的主要表现形式是社会关系网络，网络内的成员就资源进行交换和控制。科尔曼（1990）认为社会资本的形式有信任、网络、规范、权威关系等。林南（2001）从社会资源角度扩展了社会资本的定义，指出社会资本是嵌入到一定网络结构中的资本。社会资源仅仅与社会网络相联系，而社会资本是从社会网络中动员了的社会资源。福山（Fukuyama，1998）从社区角度出发，认为社会资本是根据社区的传统建立起来的群体成员之间共享的非正式的价值观念和规范。经济合作与发展组织（OECD）（2001）

从整个世界范围出发，把社会资本定义为共享、规范和网络的集合。世界银行（1998）则认为社会资本的主要形式是规则、关系、态度和价值观。Burt（2000）把社会资本界定为"个人通过他们的成员资格在网络中或者在更宽泛的社会结构中获取短缺资源的能力，获取能力不是个人固有的，而是个人与他人关系中包含着的一种资产。社会资本是嵌入的结果"。Putnum（1993）提出公民参与网络，认为由于一个地区具有共同的历史渊源和独特的文化环境，人们容易相互熟知并成为一个关系密切的社区，组成紧密的公民参与网络。这一网络通过各种方式对破坏人们信任关系的人或行为进行惩罚而得到加强。这种公民精神及公民参与所体现的就是社会资本。

尽管国外学者对社会资本内涵把握的侧重点不同，但都围绕着社会网络、社会信任、社会声望和社会参与四个方面的某一方面或某几个方面展开，根本上，学术界专家一致认为社会资本以社会资源为载体，以一定的关系网络为运作基础，网络结构中的每个人根据占有资源情况各自拥有自己的场域和位置。从更广阔的意义上看，社会资本关系网络成员彼此间频繁的交流、接触和互动产生了信任，这种信任生成了声望和制约关系，从而能够使网络成员对稀缺资源进行配置。可见，网络资源是社会资本的运作基础，信任、声望和参与是社会资本的核心要素。

因此，农户社会资本实际上是由社会网络、社会信任、社会声望和社会参与组成的统一体。农户的社会网络是指农户存在于一定的网络模型中，每个农户作为网络的一个节点，拥有自己的场域和位置，为了实现某种共同的目的连接在一起。信任关系是社会资本的核心元素，是在人们频繁交往中形成的，指的是农户对周围人和组织的信任程度。基于农户长期形成的信任关系，农户内部容易达成一致，有利于提高目标实现的效率。网络成员交往过程中，能够形成权威关系，对资源具有控制权。这种权威关系本质上是一种社会声望，在人际关系的网络节点中，由于人们各自占有资源，在他们为实现一定目标进行交流的过程中，通过长期合作形成的信任产生对权威人士的崇拜和认可，有些农户会利用这种权威关系，优先占有和控制资源。同时还可以借助这种资源动用能力实现互惠.社会资本形成离不开农户参与,因此,定义社会参与为农户在公共事务中的参与程度。参与能够创造民主自治的环境,充分表达其利益需求,增强农户间的共同价值观念。在社区认同的规范下,人们选择作为局内人参与到网络活动中来,充分利用获取信息的优势和网络信任的优势来实现自己的目标。

2.1.3 合作供给

合作是农户互动的典型形式。戴维·波普诺（1999）给出的合作定义是"由于单个人无法完成共同目标,需要人们联合起来一起行动"。郑杭生（2012）认为合作是"社会互动中人与人、群体与群体之间为达到对互动各方都有某种益处的共同目标而彼此相互配合的一种联合行动"。合作达成需要同时具备有共同目标和为实现目标能够达成共识并进行行动上的配合、讲究诚信等条件。合作行动主体可以是某个农户也可以是整个群体,其形成的前提是合作中的任意一方无法靠自己的能力或拥有资源实现某一目标。合作形成的关键要素是有两个或者两个以上的农户、拥有共同的目标、形成一定的互动关系。因此,本书将合作定义为在特定社会结构中两个或两个以上的个体或群体为实现某种共同利益或达到某种共同目标而自愿配合和行动的社会互动过程。

合作供给是小型水利设施供给的一种主要方式。本书的合作供给重点强调的是农户在某一特定时期,在村级范围内,通过合作的形式联合起来,愿意并且能够提供一定数量的小型水利设施。这种合作供给主要是由有建设小型水利设施意愿的核心农户发起号召,通过交流、沟通、宣传等方式将有共同合作意愿的农户整合到一起,然后就合作的方式,重点是合作成本分担和小型水利设施建成后的利益共享进行协商,最终达成一致,并按照合约执行的过程。

2.2 基础理论

2.2.1 公共产品供给理论

2.2.1.1 公共产品的定义

1954 年 11 月，美国经济学领域专家萨缪尔森给出最为公认的公共产品定义，其指出公共产品是在消费者对公共品享有的同时并不排斥其他消费者对该类产品的享用，并且不会减少其他消费者享有该类产品的产品。

在探讨公共产品定义的基础上，国内部分专家学者给出了农村公共产品的定义，指出农村公共产品是特殊形式的公共产品，这种公共产品可以在农村地域范畴内满足农业和农民需要，具有消费的非竞争性和收益的非排他性特征（陶勇，2001；熊巍，2002）。农村公共产品主要包括农村地区的法律、政策制度、水利灌溉设施、道路、桥梁、电网、通信、农村文化站等文化娱乐设施、农村教育、医疗卫生、农业科研和农技推广、农业信息等社会化服务等（袁倩，2013）。

2.2.1.2 公共产品的分类及其属性

公共经济学将社会产品划分为公共和私人两种类型产品。公共产品公认的定义是同时具有排他性和非竞争性的产品。公共产品具有效用是不可分的、消费的非竞争性和排他性的特征。私人产品主要是指那些私人消费的产品，具有可分性、竞争性和排他性的特点。学者们认为大部分产品是介于私人产品和公共产品之间，称为准公共产品。根据其特性可以将准公共产品分为公共资源（拥挤的公共产品）和俱乐部产品（可计价格的公共产品）。公共资源指当使用人数达到一定规模后使用该公共产品，但具有一定的拥挤性的产品；俱乐部产品则是具有收益可以定价，技术上具有排他性特征的公共产品。农村社区公共产品是一种准公共产品，其主要具有"俱乐部产品"特征。根据属性可以将社会产品划分为以下几类（如表 2-1）。

表 2-1 社会产品分类

划分标准		竞争性	
		是	不是
排他性	是	私人物品	俱乐部产品
	不是	公共资源	纯公共产品

资料来源：Samuelson PA. A Note on the Pure Theory of Consumer Behavior Ecomica,1938（6）:P.61

2.2.1.3 公共产品的供给

西方经济理论认为造成搭便车问题、存在"市场失灵"、从而使市场机制难以在一切领域达到"帕累托最优"的原因是公共产品具有非排他性。萨缪尔森（1954）分析得出公共产品最优供给实现的一般均衡条件是消费者对私人产品和公共产品的边际替代率之和等于私人产品和公共产品生产的边际转换率。实际上，公共产品最优供给确定就是回答公共产品的供给量和供给价格应确定在何种水平上实现消费者效用最大化的问题（熊巍，2002；林万龙，2007）。Pigou（1928）主张用政府干预的方法解决公共产品供给问题，政府是提供公共产品的主体。布坎南（2009）提出在供给公共产品时需要引入市场机制。Tiebout（1956）指出根据地方人民的需求偏好表达供给公共产品能够实现帕累托最优。Coase（1974）通过对英国的灯塔案例研究论证了公共供给的关键在于通过界定产权明确私人供给和政府提供。张五常（1988）也验证了科斯的观点，强调通过产权安排来解决公共产品供给问题成为有效途径。文启湘、何文君（2001）提出具有一定受益范围的公共产品实现最佳供给的方式是纳入市场或者是集体组织。根据奥斯特罗姆（2000）的理论，政府是公共产品的最优提供主体，但是通过农户自发合作形成的契约也可以形成一种无形的制度安排，使得不用政府介入就可以自发实现农户公共产品的供给。但个体理性和集体理性通常会产生冲突，导致搭便车现象严重，平均自愿供给率降为零

（Andreoni，1988）。集体成员内部重复博弈过程中形成的规则如习俗、规范等激发成员内自愿供给，使得农户突破个体完全理性的思维束缚，对集体行动产生正向激励（张克中、贺雪峰，2008），政府也应该为民间合作供给农村公共产品提供制度保障（徐鲲、肖干，2010）。

2.2.1.4 小型水利设施属性及供给

小型水利设施是保障农户进行农业生产的基础性设施。在中国，大部分小型水利设施是由政府或者集体提供，局内人都可以享有小型水利设施的使用权，造成用水者对小型水利设施过度使用而无人管理，最终导致"公共池塘悲剧"的产生。现有小型水利设施的使用形式主要有租赁、承包等，或以缴纳水费形式进行消费，在消费上具有排他性，具有"俱乐部产品"的属性。在存在政府出面供给不足和私人无力承担投入费用的现实条件下，这种属性特征的产品供给可以通过农户联合实现，这种合作方式能够将闲散资金集聚起来，提高合作效率。随着土地流转速度加快，农民收入增加，农户经济实力增强，农户自发组织起来提供小型水利设施的意愿也有所增加。在农村社区实践中，有部分农户为了满足共同的用水需求，发起合资购置小型水利设施的号召，因此缓解了小型水利设施供给不足的压力，保障了灌溉用水来源，同时提高了水利设施使用效率，也较好地解决了"搭便车"和"过度使用"的难题，这种联合供给的方式既可以实现个人效用最大化，又能够获得心理上的满足，同时还能够避免使用水利设施时的等待而增加拥挤成本。

2.2.2 社会资本理论

20世纪70年代，经济学家洛瑞（Loury，1977）首先提出了社会资本一词，对社会资金进行了先驱性的研究，随后，社会资本理论逐渐成为学术界关注的前沿和焦点概念，被广泛地引入到学术研究中，用来解释经济增长和社会发展等经济和社会现象。

2.2.2.1 社会资本内涵及本质

如前文所述,尽管学术界对社会资本的概念和内涵进行了广泛深入的讨论,但是关于社会资本的定义仍是众说纷纭,难以形成一致的意见。本质上,社会资本不是单个孤立存在的概念,其内涵实际上是社会网络、社会信任、社会声望和社会参与的结合体。第一,社会资本存在于一定的关系网络中。社会资本是由一个或一个以上的人组成的网络关系,每个成员在这种网络结构中都有自己的支点和场域,占有一定的资源,为了实现目标而结合在一起。第二,"信任关系"是其主要表现形式。社会资本建立在人们频繁交往形成信任的基础上,基于这种信任,人们内部容易达成一致,提高目标实现的效率。第三,社会资本形成权威关系,对资源具有控制权。实际上这种权威关系在人际关系长期发展中形成一种社会声望,在人际关系的网络节点中,由于人们各自占有资源,在他们为实现一定目标进行交流的过程中,通过长期合作形成的信任产生对权威人士的崇拜和认可,可以解释为社会声望,一些人会利用这种权威关系或是自己的社会声望,借助这种信任,优先占有和控制资源。第四,社会资本离不开人们的参与。无论何种形式下的网络关系,彼此间都不是孤立存在的,而是作为一个相互联系的整体。在社区认同的规范下,人们选择作为局内人参与到网络活动中来,充分利用获取信息的优势和网络信任的优势来实现自己的目标。因此,社会资本是指在一定的人群或社区中通过建立在人们相互信任、规范与参与的基础之上形成的持续的社会关系网络获取资源并利用资源的能力。

社会资本本质上和物质资本、人力资本一样,都是一种资本,都具有生产性和增值性,社会资本能加速信息的流动、降低交易成本,促进经济增长。但是,社会资本又与物质资本和人力资本有所差异,物质资本主要是物质性的,强调实物的内容,而人力资本重点在于对个人的投资;社会资本是除这两者以外的资本,并且将资本外延到组织的范围上来,它的本质就是社会网络关系所具有的信任、声望和参与的特征。这些特征促使了合作行为的实现,资源的优化配置和组织目标的达成。

2.2.2.2 社会资本分类及功能

目前，关于社会资本的分类主要有两大方法。一种是以布朗（Brown，1997）为代表的层次分类法，他认为社会资本系统可以按照"要素、结构和环境"的三维概念，划分为微观、中观和宏观三个层面：微观社会资本主要是个人形成的价值观念和规范等；中观层次的社会资本是集团间所形成的信任、互惠、义务和期望等；宏观社会资本体现为国家制度、法律框架、公民权利以及社会凝聚力。另外一种较为普遍的分类是以 Uphoff（1996）为代表的二维分类法，他将社会资本划分为结构型社会资本和认知型社会资本，结构型社会资本是指社会资本中有形的方面，如影响人们交互行为的网络、规则、程序、制度、组织等；认知型社会资本主要是无形的，如共同的价值观念、互惠、信任和声望等。以上两大分类方法虽然依据不同，但都强调了社会资本中的网络、信任、声望、参与。基于前文关于社会资本定义的讨论，从社会资本构成的角度可以把社会资本分为四种基本类型，即网络型社会资本、信任型社会资本、声望型社会资本和参与型社会资本。网络型社会资本是指社会成员形成的关系网络规模、网络密度及他们在网络中的地位；信任型社会资本是指个体间形成的信任以及个体对组织的信任程度；声望型社会资本即在网络关系和合作行为中长期形成的权威关系以及人们的互惠规范；参与型社会资本主要指组织成员中集体活动参与程度。

社会资本本质上是一种生产要素，对人们经济生活和社会发展有很大的作用，具有多重功能。社会资本的功能主要表现为社会资本的经济功能和社会功能。社会资本能够促进经济发展。在社会网络中，成员间频繁交流可以减少因信息不完全而带来的风险和不确定性，利用个体的社会关系及其信任，利用组织的社会声望和纳入公民参与可以替代书面契约，降低交易成本，有利于提高经济绩效，实现经济的繁荣和发展。Grootaert 和 Van Bastelaer（2002）认为社会资本与经济发展之间有正相关关系；张其仔（2002）从社会网络的角度出发，探讨社会资本与经济增长等的关系，认为社会资本起到促进经济增长的作用。社会资本同时对解决集体行为困境有着重要作用。学术界普遍认为公共产品因其特有的非竞争性和非排他性特征，存在"搭便车行为""哈丁悲剧"和"囚徒困境"等集体供给矛盾。奥斯特罗姆（2000）将社会资本引入到集体选择理论中，证实了通过自发形成的社会资本能够将分散的农户聚集起来，解决集体供给行为困境的问题。社会资本的个人社会关系网络、信任和声望促进了信息的流动，降低了交易风险性，减少了机会主义和搭便车行为，增加交易机会，提高合作供给效率。社会资本还有利于保障社会稳定，具有社会功能。社会资本的社会功能主要体现在生活保障、经济支持、精神支持和维护社会秩序上。形成特定关系网络的人们可以相互帮助，借助于彼此间的信任关系和对规范、制度的共同遵守，促进社区协调运行，增强归属感。同时，社会资本促使人们对政治生活更多参与，保证了社会的有序运转。

2.2.2.3　社会资本与农户合作

面对水利设施供给不足的现状，不少专家学者提出以农户自发合作组织为载体可以缓解小型水利设施供给压力的建议。社会资本理论为研究如何激励农户合作提供了新思路（Fukuyama，1995；Putnam，1995；Woolcock 和 Narayan，2000；Lin，2003）。社会资本作为社会非正式制度的组成部分，能够在人与人的交往过程中形成特定的规则，从而有效克服集体行动的困境。基于社会资本视角，合作实际上是建立在制度化网络、信任、声望和参与基础上的农户与农户间的联结。社会资本可以克服合作供给中的机会主义、降低市场交易成本、激励农户合作，进而弥补制度安排不足，促进合作实现。

2.2.3　集体行动理论

由于小型水利设施存在着外部性，使其在使用过程中难免会产生只消费不付费的、依赖于他人承担成本的"搭便车"现象和机会主义观念，使用者所得收益大大高于其所付成本，个体利益与集体利益冲突造成对小型水利设施的滥用，导致合作供给陷入困局，致使农村社区公共产品合作供给机制缺失。如何实现小型水利设施合作供给，破除集体行动困境，成为被长期关注的问题。

Hume（2007）强调集体行动是实现个体利益和共同利益的终极选择。Olson（2009）认为公共产品消费具有非竞争性和非排他性的特点，个人难以承担公共产品成本，需要靠集体才能使供给得以实现，对公共产品的共同需求促成集体行动的实现。美国学者奥斯特罗姆（2000）认为自发性内生制度能使人们不再单独行动，农户自组织是突破公共资源困境的重要途径。农村社区内农民自主合作供给小型水利设施是典型的集体行动。这种集体行动是由核心人员动员发起形成合作的一个动态的过程，即通过核心农户提出合作供给小型水利设施的号召后，协调各方利益将有共同目标的农户集结起来，并进一步制定合理的成本分担方案，监督合作契约的实施，以保证合作持久动力（如图 2-1所示）。但是当前我国农民集体行动效率低下，而效率低下的根源是农民集体行动成本高。因此，提升农民合作供给效率最重要的是降低农民合作成本，而在集体行动形成过程中社会资本作为一种非正式的组织制度，对集体行动实现具有显著作用（汪杰贵、周生春，2012）。表征社会资本的社会网络、社会信任、声望水平和集体参与度是实现集体行动的驱动力。

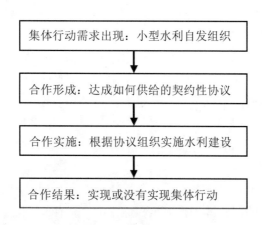

图 2-1　集体行动过程

2.3　社会资本对合作供给影响机理阐释

围绕本书研究的内容，社会资本与合作行为间的关系如图 2-2 所示。小型水利设施具有"俱乐部产品"的属性，可以由农户自发合作进行供给。小型水利设施的合作供给是合作供给发起即意愿的整合、合作供给组织实施即成本分担方案的确定和合作供给评价即效率比较的一系列过程的集合。农户社会资本包括社会网络、社会信任、社会参与和社会声望四个维度。在合作供给过程中，社会资本各维度不同程度地影响农户的合作供给行为。

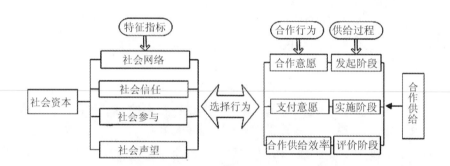

图 2-2　社会资本与农户合作供给关系

首先，在差序格局安排下的农村社区，农户靠着亲缘、地缘和血缘关系联系到一起，农户间的相互联系形成了看不见的网络关系，这种网络关系促使网络成员通过交流实现信息的沟通，同时也可以将网络成员的资源加以运用，形成一种资源共享和分配机制。在农户进行交流的过程中，以观察的方式或者是相互沟通的方式了解到谁掌握的资源比较多，谁能够较好地控制资源，谁有合作的意愿等信息，然后通过自己的网络资源对此进行扩展。这种形式会降低农户间信息交流的成本，激发农户合作供给意愿。

其次，当合作意愿达成后，信任程度发挥重要作用。长时间的农村生活使得社区农户容易形成信任关系。这种信任关系表现为一个人对另外一个人自愿资源的调动权和权威，即组织内部成员愿意将自己的资源与其他人共享，也相信与自己合作的人能够尊重自己对资源的控制和专有权利，可以有效减少农户间合作的监督成本。在某个农户提出合作时，信任度较高的农户就会给予高承诺，大大降低了合作协商的成本，提高了合作供给的效率。

再次，社会声望也对合作供给起主要作用。社会声望能够通过互惠信任带来交易成本的节省（周黎安等，2006），同时，获得好声望会带来显著的精神效应（于建嵘，2007）。乡村社区农户间频繁的交流和互动，有利于建立良好的声望（吴光芸、李建华，2007 ）。这种氛围促使农户总是想为其他人做点好事情，害怕自己做些不好的事情损坏自己的名声和面子（陶传进，2005）。因此，社会声望降低了农户的投机心理，因为如果有投机行为，会在农村社区承担较高的惩罚成本，很有可能被合作成员内的其他人边缘化，导致长期的压抑和不安，在自己生活的圈子里容颜扫地，影响到日常的生活。同时，声望还被看作是一种信号信息，代表了他人对自己的评价和互惠程度，用来衡量合作历史记录（黄璜，2010）。农户为了维护自己的面子和在村中的地位，会通过积极合作极力地提高自己的声望和信誉，抬高别人对自己的评价，累积良好声誉的历史记录，降低合作的监督成本，形成一种激励机制，可以有效地克服投机行为和"搭便车"现象，最终使得农户合作得以实现。

最后，社会参与反应了农户对公共事务的认同感和公共价值规范，反映了农户对集体事务的利益和权利诉求，有利于农户对小型水利设施的需求利益表达与沟通。农户高度参与集体事务的公共精神可以降低农户间的监督成本等交易成本，激发农户自主治理的积极性和自发性，最终达成农户合作的目标。Spencer et al.（1989）认为公众参与能带来高度的承诺及执行能力、更多创新的想法和主意、更多的激励和责任感。此外，还能够表达需求、增强信心、加强归属感和责任感。

社会资本是社会网络、社会信任、社会声望和社会参与的统一体，农户在社会网络中相互交流，资源共享，建立信任和声望体系，并通过参与对公共事务进行监督和表达，减少了在合作供给过程中发生的合作形成的搜寻成本、合作组织的协商和谈判成本、合作运营的监督成本，削弱了农户的投机主义和搭便车的心理，增强内部的凝聚力和一致性，将小型水利设施供给问题从集团行动困境中抽离出来，农户合作完全可能。

2.4　本章小结

　　研究对象的界定和理论框架的构建是研究的基础。本部分厘清了小型水利设施合作供给的相关概念，明确研究对象；并通过社会资本理论、公共产品理论和集体行动理论等理论与农户合作供给行为的关系梳理，重点强调社会资本在农户合作供给过程中的作用，为后续的研究确立了坚实的概念框架和理论基础。

第3章

农户社会资本测度与特征分析

　　农户社会资本的测度是本研究的重点问题，要想实现农户社会资本对农村小型水利设施合作供给的影响机制的研究，需要采用合理的方法对农户的社会资本进行测度，并分析现有农户社会资本的特征。本章重点介绍农户社会资本的测度方法，筛选表征农户社会资本特征的指标体系，构建社会资本指数，描述性分析农户社会资本特征，为展开下一步的研究奠定基础。

3.1　农户社会资本的度量

　　社会资本作为新兴概念，被众多学者研究，但因社会资本内涵丰富，具有多维特征，目前学术界争议颇多。社会资本与物质资本和人力资本不同，其包含的内容和范围更为广阔，在形式上表现为一种隐含的资本，难以选择明确的显性指标进行度量。因此，社会资本度量问题成为社会资本理论界研究的重点和难点。现在流行的社会资本测度方法主要是个人网络分析方法、单一指标法、合成指数法、多指标法。但这些方法在资料的收集上存在很大的不确定性且难以衡量不同维度的社会资本指标权重。社会资本的度量需要将社会资本转化成一系列具有操作性的可衡量的指标。由于在对社会资本内涵理解上的差异，国内外研究者根据自己的经验和研究目标选取了不同的指标，对个体社会资本进行了大量的实证研究。部分学者围绕网络关系对社会资本进行测度。科尔曼（1990）主要是从个体的角度出发，选取社会网络关系、社会成员资格、同质性等指标测量社会资本；Lin（2003）选取个人网络位置作为衡量社会资本的指标；Krishna 和 Uphoff（1999）用网络中的成员身份作为表征社会资本的指标；边燕杰（2004）用网络规模、网络顶端、网络位差测度社会资本；张文宏（2006）用社会网络规模、网络密度、网络种类、差异等度量社会资本；卜长莉（2006）用网络地位、网络差异、网络密度、社会网络规模与网络位置等指标测度社会资本；张其仔（2004）从网络类型、网络密度和网络规模三个维度对社会资本进行测量。而 Cohen 和 Prusak（2001）选择信任作为测度社会资本的关键指标。Knack 和 Keefer（1997）、Brehem et al.（1999）觉得社会资本由成员契约、相互信任和政府公信组成，试图利用这三方面的数据资料来衡量社会资本水平；Isham 和 Kähkönen（2002）利用社会网络及邻居信任测量社会资本。在此指标基础上，部分研究人员进行了更深层次的扩展。Lochner et al.（1999）用邻里互动、集体效能、社区竞争力、社区归属感及社区凝聚力衡量社区社会资本；Grootaert（1999）则通过联系紧密程度、内部差异、参加集会频繁程度、成员对决策的有效参与、借贷情况以及社区导向等六个方面构建社会资本指数；帕特南（2001）基于社区视角，扩大了研究范围，利用社区组织生活、公共事务的参与、社区志愿活动、非正式社交和信任五个指标对社会资本进行测度；世界银行（2002）、OECD（2001）等组织设计了社会资本指数测度方案，从信任、社团成员身份或者对地方社区的参与、犯罪与安全、邻里关系、家庭和朋友关系、互惠、政治参与等方面系统地考察了社会资本。桂勇（2008）以社区为研究单位，构建了包括社会互动、信任、志愿主义、社会支持、社区凝聚力、社区归属感、参与地方性社团组织 7 个维度的社会资本测量指标体系。现有文献关于农村社会资本的研究与测量相对薄弱。胡荣（2006）从社会网络、互惠、信任和规范等几个维度测量了中国农村基层社区的社会资本状况；贾先文（2010）建立包括信任、网络、自愿主义、社区归属感、社区凝聚力的农村社区社会资本指标体系；吴玉峰、吴中宇（2011）从村域信任、交往、互惠、凝聚力等方面衡量农村村域社会资本；马九杰（2008）等用组织网络、信息和交流、集体行为与合作、信任和团结、社会凝聚力、赋权和政治参与指标构建社会资本指数。在测度方法上，主要采用调查问卷和因子分析相结合的方法对社会资本及其维度进行测度（Hjøllund 和 Svendsen，2000）。

学者对社会资本的内涵各抒己见，强调的重点和研究目标不同，大部分集中于社会资本的某一维度或某几个维度，导致其对社会资本的度量方法各异，从指标选取上看主要致力于社会资本某些方面指标体系的建立，从单一层次或某几个层次进行测度，忽视了社会资本不同维度间的相互联系，难以从整体上把握社会资本的度量，缺乏一个全面系统的指标体系（戴亦一、刘赟，2009）。Paxton（1999）指出概念的模糊和使用单一指标衡量社会资本造成了理论界的不同观点，因此，进一步界定明确的社会资本定义，拣选全面衡量社会资本的指标体系，是测度社会资本的前提和关键。同时，中国农户社会资本的度量文献相对较少，且指标选取没有体现农村特色。笔者认为构建农户社会资本应该建立在中国农村社会现实的基础上，结合中国农村社区的实际情况，在参考前文的理论基础上，需要从社会网络、社会信任、社会声望和社会参与四个维度出发，建立一个融合这四个方面的社会资本综合性指标体系。

3.1.1 指标体系构建

根据农户社会资本的理论框架及现有文献梳理，结合中国本土文化和社区农户的现实状况，本书对农户社会资本指标体系的设计遵循以下原则：

（1）全面性、系统性。把农户社会资本作为一个完整的体系，其评价指标要全面地反映社会资本内涵，将从社会网络、社会信任、社会声望、社会参与四个方面归纳出社会资本不同维度的细化指标，将隐性指标显性化，使其具有可度量性。

（2）简洁性、独立性。为实现指标的精准性，避免众多指标的重复性和交叉性，确保设计指标简洁明了，具有独立的特征，方便测度。社会网络、社会信任、社会声望、社会参与是社会资本基本维度，这四个方面的相关性较小，存在一定的主次顺序，采用线性加权合成可以在各指标之间进行线性补偿，主要因素在综合指标中的作用可以通过不同的权重反映出来。

（3）可操作性、数据获得性强。指标细化的最终目的是探求相关指标的量化数据，对指标进行简化，以保证指标获取的简易度和数据获得的可操作性。在研究中，农户不同维度的社会资本无法直接观察到，这就需要通过某种转化，用显化指标表征和观测农户社会资本。本研究拟采用潜变量方法，精心设计调查指标。

依据指标体系的构建原则，结合农户社会资本的实际情况，根据本书对农户社会资本的界定，从社会网络、社会信任、社会声望和社会参与四个维度对农户社会资本进行细分，具体细化的指标参考现有文献对社会资本各个维度的衡量进行设计，其中，社会网络根据边燕杰的网络调查法修改，从网络规模、网络频率、网络差异考察；社会信任根据信任定义从农户对不同主体的信任程度即个人信任、制度信任和一般信任程度衡量；社会声望根据经验重点从村里人对被调查户的尊重程度与互惠程度进行测度；社会参与结合国内外学者对参与的定义从对集体事务的参与程度，重点是公共事务的参与程度衡量，将这些指标纳入小型水利设施的合作供给中，最终得到考察指标的具体问题如表 3-1 所示。

表 3-1　农户社会资本的维度及其测量指标

维度代码	问题	问题选项及赋值
社会网络（SN）	您经常接触的人的数量和遇到困难时可以帮上忙的人的数量	按实际填写数值计算比率
	您和亲密朋友的交流程度	从不=1，偶尔=2，一般=3，比较频繁=4，经常=5
	您和亲戚的交流程度	从不=1，偶尔=2，一般=3，比较频繁=4，经常=5
	您和村干部的交流程度	从不=1，偶尔=2，一般=3，比较频繁=4，经常=5
	您和邻居的交流程度	从不=1，偶尔=2，一般=3，比较频繁=4，经常=5
	您和德高望重的农户的交流程度	从不=1，偶尔=2，一般=3，比较频繁=4，经常=5
	您和农业组织的交流程度	从不=1，偶尔=2，一般=3，比较频繁=4，经常=5
	您和家庭成员的交流程度	从不=1，偶尔=2，一般=3，比较频繁=4，经常=5
	您最好朋友的职业种类	按实际选择的职业类型计算
	您最好朋友的收入状况	非常不富裕=1，比较不富裕=2，一般富裕=3，比较富裕=4，非常富裕=5①
	您主要亲戚的职业种类	按实际选择的种类计算
	您主要亲戚的收入状况	非常不富裕=1，比较不富裕=2，一般富裕=3，比较富裕=4，非常富裕=5
	您家其他成员主要职业种类	按实际选择的职业类型计算
	您家其他成员的收入状况	非常不富裕=1，比较不富裕=2，一般富裕=3，比较富裕=4，非常富裕=5

① 由于这类问题相对比较敏感，难以测度具体的收入状况，所以用李克特量表法进行评价更有实践性和可行性。

维度代码	问题	问题选项及赋值
	您对亲密朋友的信任程度	非常不信任=1，比较不信任=2，一般信任=3，比较信任=4，非常信任=5
	您对亲戚的信任程度	非常不信任=1，比较不信任=2，一般信任=3，比较信任=4，非常信任=5
	您对村干部的信任程度	非常不信任=1，比较不信任=2，一般信任=3，比较信任=4，非常信任=5
	您对邻居的信任程度	非常不信任=1，比较不信任=2，一般信任=3，比较信任=4，非常信任=5
社会信任（ST）	您对德高望重农户的信任程度	非常不信任=1，比较不信任=2，一般信任=3，比较信任=4，非常信任=5
	您对农业组织的信任程度	非常不信任=1，比较不信任=2，一般信任=3，比较信任=4，非常信任=5
	您对家庭成员的信任程度	非常不信任=1，比较不信任=2，一般信任=3，比较信任=4，非常信任=5
	您对一般人的信任程度	非常不信任=1，比较不信任=2，一般信任=3，比较信任=4，非常信任=5
	您对陌生人的信任程度	非常不信任=1，比较不信任=2，一般信任=3，比较信任=4，非常信任=5

维度代码	问题	问题选项及赋值
社会声望（SR）	当您家有喜事时，是否有亲戚朋友愿意帮您	从不=1，偶尔=2，一般=3，较频繁=4，经常=5
	农忙时其他人是否愿意过来帮忙	从不=1，偶尔=2，一般=3，较频繁=4，经常=5
	您家盖房时是否有亲戚朋友过来帮忙	从不=1，偶尔=2，一般=3，较频繁=4，经常=5
	别人家如果闹矛盾是否会找您帮忙	从不=1，偶尔=2，一般=3，较频繁=4，经常=5
	当别人做决定是否愿意找您商量	从不=1，偶尔=2，一般=3，较频繁=4，经常=5
	您觉得村里人对您尊重程度如何	非常不尊重=1，比较不尊重=2，一般尊重=3，比较尊重=4，非常尊重=5
社会参与（SP）	如果村里有问题需要解决，您是否会号召其他农户一起尽力	从不=1，偶尔=2，一般=3，较频繁=4，经常=5
	您是否经常参加村集体活动	从不=1，偶尔=2，一般=3，较频繁=4，经常=5
	您参加村干部选举是否投票	从不=1，偶尔=2，一般=3，较频繁=4，经常=5
	您在村中的公共事务决策时是否提出过建议或意见	从不=1，偶尔=2，一般=3，较频繁=4，经常=5
	您是否愿意参加"一事一议"	从不=1，偶尔=2，一般=3，较频繁=4，经常=5

3.1.2 农户社会资本指数

3.1.2.1 内部一致性分析

在进行实证分析前，先对问卷的信度和效度进行检验。信度分析

（Reliability Analysis）是测度评价指标体系稳定性和可靠性的分析方法。克朗巴哈 α 系数是观察一组问题在同一时间组成量表题项的内在

一致性如何常用的检测方法，其公式是 $\alpha = \dfrac{k}{k-1}(1 - \dfrac{\sum\limits_{i=1}^{k}\mathrm{var}(i)}{\mathrm{var}})$ ，其中 k 为量表评估的全部指标数， $\mathrm{var}(i)$ 为第 i 个指标得分方差， var 为所有指标得分的方差。信度指标可以用其量化值信度系数来考察。

　　一般认为信度系数好的问卷最好在 0.8 以上，0.5-0.8 是可以接受的；如果低于 0.5 就应考虑修正问卷。

3.1.2.2　因子分析方法说明

　　参考马九杰（2008）在《社会资本与农户经济》一书中关于社会资本指标构建方法，本书使用因子分析法来构建农户社会资本指数。因子分析法是从研究变量内部相关的依赖关系出发，使用少数几个因子反映大部分指标信息的一种统计学分析方法。它的基本思想是将观测变量进行分类，将联系比较紧密的分在同一类中，而不同类变量之间的相关性则较低，那么每一类变量实际上就代表了一个基本结构，即公共因子。试图用最少个数公共因子的线性函数与特殊因子之和来描述原来观测的每一分量。因子分析法能够将事物的本质从复杂的变量中抽离出来。因子分析法的具体步骤如下：

　　（1）将原始数据标准化处理

　　在统计分析中，由于研究中所选取的指标单位可能不同导致无法进行综合性评价或者分析。原始数据进行标准化处理可以避免由于量纲不一致产生的估计差异，保证数据间是可以比较的。本书采用阀值法对指标体系进行处理。阀值法是无量纲化方法的一种，其具体公式是：

$$y_i = \frac{\max x_i - x_i}{\max x_i - \min x_i}，\text{其中} 1 \leqslant i \leqslant n。$$

　　（2）构造因子分析模型

　　设有 n 个原始变量，表示为 $x_1, x_2, \ldots, x_n$ ，将一系列变量进行标准

化处理，使其满足均值为 1，标准差为 0 的条件。假设 n 个变量可以表示为由 k 个因子组成 $f_1, f_2, \ldots f_k$ 的线性组合。因子分析主要是在分析变量的相关系数矩阵的内部结构基础上，寻找控制变量的因子 $f_1, f_2, \ldots f_k$，以最大程度反映原始信息为原则选取公共因子，并建立因子分析模型。其基本公式为：

$$x_1 = a_{11}f_1 + a_{12}f_2 + \ldots + a_{1k}f_k + \varepsilon_1$$
$$x_2 = a_{21}f_1 + a_{22}f_2 + \ldots + a_{2k}f_k + \varepsilon_2$$
$$\cdots\cdots$$
$$x_n = a_{n1}f_1 + a_{n2}f_2 + \ldots + a_{nk}f_k + \varepsilon_n$$

利用矩阵形式可表示为 $X = AF + \varepsilon$。其中 X 为可观测的 n 维变量矢量；F 为不可测变量，每一个分量表示一个因子，也称为公共因子；矩阵 A 为因子载荷矩阵，其元素 a_{nk} 是因子载荷，指的是第 n 个评价指标与第 k 个因子间的关系，载荷越大，说明关系越密切，载荷越小，说明关系越疏远；ε 是无法用因子说明的其他部分的特殊因子，服从于标准正态分布。

（3）选取因子变量

本书拣选公共因子变量的原则是特征值大于 1，因子的累计方差贡献率为 $\sum_{i=1}^{m} \lambda_i \left(\sum_{i=1}^{p} \lambda_i \right)^{-1}$，并由 $w_i = \lambda_i \left(\sum_{i=1}^{m} \lambda_i \right)^{-1}$ 确定权重值。方差贡献率是测度公共因子重要程度的指标，方差贡献率越大，表明该公共因子相对越重要，或者说方差越大，表明公共因子对变量的贡献越大。其中前 m 个因子包含的数据信息总量（即其累积贡献率）不低于 90% 时，可取前 m 个因子来反映原评价指标。

（4）测算综合因子得分

根据各公共因子的得分和权重，可以得到第 i 个样本的综合评价值：$\theta_i = \sum w_i F_i$，即第 i 个样本的社会资本及不同指数的量化值。

3.1.2.3　数据来源

为了保障数据的真实性和可靠性，作者于 2011 年 4 月至 6 月和

2012 年 3 月至 5 月带领由西北农林科技大学研究生院的 10 名研究生组成的调研团队，在陕西省咸阳市三原县做了关于小型水利设施建设、社会资本等的调查问卷和访谈调研。本次调研使用随机抽样的方法，随机选取新兴镇、渠岸乡、高渠乡、徐木乡、嵯峨乡 5 个乡镇，在每个乡镇中选取 8 个村，在每个村中选取 25 户农户，共 1000 户农户进行入户调查。采用入户调查的方式，与农户进行当面交流，然后填写问卷。每份问卷大概需要两个小时完成。本次调查活动共回收问卷 1000 份，有效的问卷为 890 份，问卷有效率为 89%。

3.1.2.4　农户社会资本指数构建

本研究通过对农户社会资本的界定，选取社会网络、社会信任、社会参与和社会声望四个维度，各维度中又分别包含不同的变量，共 34 个变量进行指标构建。首先构建社会资本指数数理模型；然后对问卷的内部一致性进行检验，以确定量表的信度和效度；接着利用 STATA12.0 对不同维度的变量进行 KMO 检验和 Anti 检验，判断是否适合进行因子分析方法。一般情况下，KMO 值大于 0.6 就说明适合因子分析，且因子分析的结果是可以接受的。最后通过计算各维度的得分，构建农户社会资本指数。

（1）农户社会资本指数的综合表达式

利用本书对农户社会资本的定义，综合考虑农村人口的特征，从社会网络、社会信仁、社会声望和社会参与四个维度度量农村社会资本，其综合表达式为：

$$SCI = SCI_i(SNS_i, STS_i, SRS_i, SPS_i)$$
$$= W_1 * SNS_i + W_2 * STS_i + W_3 * SRS_i + W_4 * SPS_i$$

其中，SCI_i（social capital index）表示农户 i 的社会资本指数，SNS_i 为第 i 个农户的社会网络得分，STS_i 为第 i 个农户的社会信任得分，SRS_i 为第 i 个农户的社会声望得分，SPS_i 为第 i 个农户的社会参与得分，用 W_i（i=1,2,3,4）表示各维度的权重。

（2）一致性检验

表 3-2　一致性结果

农户社会资本维度	问题数	Cronbach'sα
社会网络（SN）	14	0.5998
社会信任（ST）	9	0.7983
社会声望（SR）	6	0.7607
社会参与（SP）	5	0.6016

由表 3-2 可知，不同维度问题的克朗巴哈 α 系数（Cronbach's α）均在 0.5 以上，通过了一致性检验，说明本问卷的调查指标是合适的，具有一定的合理性和参考意义。

（3）农户社会资本不同维度的指数计算

本研究利用调查数据，采用因子分析法对不同维度的细化指标赋权重，根据权重计算各维度的得分。

①社会网络

对社会网络不同变量进行 KMO 检验，得到结果为 0.5998，且通过 Anti 检验，因此，数据适合进行探索性因子分析。结果如表 3-3 所示：

表 3-3　全方差解释

	成分	初始特征根	
	全部	方差贡献率	累积方差贡献率
1	2.72779	0.1948	0.1948
2	1.98046	0.1415	0.3363
3	1.58823	0.1134	0.4497
4	1.25584	0.0897	0.5395
5	1.12456	0.0803	0.6198
6	0.828278	0.0592	0.6789
7	0.76596	0.0547	0.7337
8	0.680097	0.0486	0.7822
9	0.626093	0.0447	0.8269
10	0.586086	0.0419	0.8688
11	0.556224	0.0397	0.9085
12	0.467074	0.0334	0.9419
13	0.43494	0.0311	0.9730
14	0.378383	0.0270	1.0000

本研究以每个因子的方差贡献率占所选因子总方差贡献率的比重作为权重加权汇总，选取解释率为 90%的前 10 个公共因子，用 SN-i 代表第 i 个因子，得出"社会网络"得分（SNS）：

SNS=(0.1948×SN-1+0.1415×SN-2+0.1134×SN-3+0.0897×SN-4+0.0803×SN-5+0.0592×SN-6+0.0547×SN-7+0.0486×SN-8+0.0447×SN-9+0.0419×SN-10)/0.8688

②社会信任

对社会信任 9 个变量进行 KMO 检验，结果为 0.7983，且通过 Anti 检验，适合进行探索性因子分析。具体结果如表 3-4 所示：

表 3-4　全方差解释

成分	初始特征根		
	全部	方差贡献率	累积方差贡献率
1	3.47597	0.3862	0.3862
2	1.06304	0.1181	0.5043
3	0.997474	0.1108	0.6152
4	0.929482	0.1033	0.7184
5	0.686345	0.0763	0.7947
6	0.549889	0.0611	0.8558
7	0.473865	0.0527	0.9085
8	0.419165	0.0466	0.9550
9	0.404773	0.0450	1.0000

以每个因子的方差贡献率占所选因子总方差贡献率的比重作为权重进行加权汇总，选取累计方差贡献率大于 90%的前 6 个公共因子，其中，ST-i 代表的是第 i 个因子，得出"社会信任"得分（STS）：

STS=(0.3862×ST-1+0.1181×ST-2+0.1108×ST-3+0.1033×ST-4+0.0763×ST-5+0.0611×ST-6)/0.8558

③社会声望

社会声望共有 6 个变量，进行 KMO 检验的结果是 0.7607，且通过 Anti 检验，适合进行探索性因子分析。具体结果如表 3-5 所示：

表 3-5 全方差解释

成分	初始特征根		
	全部	方差贡献率	累积方差贡献率
1	2.73968	0.4566	0.4566
2	0.997054	0.1662	0.6228
3	0.76287	0.1271	0.7499
4	0.660067	0.1100	0.8599
5	0.484737	0.0808	0.9407
6	0.355592	0.0593	1.0000

以每个因子的方差贡献率占所选因子总方差贡献率的比重作为权重进行加权汇总，选取累计方差贡献率大于 90%的前 4 个公共因子，其中，SR-i 代表的是第 i 个因子，得出"社会声望"得分（SRS）：

SRS=(0.4566×SR-1+0.1662×SR-2+0.1271×SR-3+0.1100×SR-4)/0.8599

④社会参与

对社会参与 5 个变量进行 KMO 检验，结果为 0.6016，且通过 Anti 检验，适合进行探索性因子分析。具体解释如表 3-6 所示：

表 3-6 全方差解释

成分	初始特征根		
	全部	方差贡献率	累积方差贡献率
1	2.00871	0.4017	0.4017
2	1.08954	0.2179	0.6196
3	0.853629	0.1707	0.7904
4	0.661018	0.1322	0.9226
5	0.387109	0.0774	1.0000

以每个因子的方差贡献率占所选因子总方差贡献率的比重作为权重进行加权汇总，选取累计方差贡献率大于 90%的前 3 个公共因子，其中，SP-i 代表的是第 i 个因子，计算"社会参与"得分（SPS）：

SPS=(0.4017×SP-1+0.2179×SP-2+0.1707×SP-3)/0.7904

最终根据不同维度的社会资本得分，得到各个维度的权重，农户社会资本指数的综合表达式为：

$$SCI_i = 0.36 \times SNS_i + 0.14 \times STS_i + 0.27 \times SRS_i + 0.23 \times SPS_i$$

可见，社会网络在社会资本中的权重最高，为 0.36，这说明社会网络对社会资本培育起到最重要的作用。社会声望和社会参与的权重相当，分别为 0.27、0.23，表明社会声望和社会参与是影响农户社会资本的重要方面。社会信任在社会资本中的权重最小，为 0.14，其原因可能是当前社会存在居民户信任普遍缺失的状况，农户对其他人的信任程度不高。

3.2 农户社会资本不同维度的特征分析

3.2.1 社会网络

表 3-7 社会网络指标的描述性统计

衡量指标	平均值	标准差	最小值	最大值
您经常接触的人的数量	110.19	314.07	1	5000
遇到困难时可以帮上忙的人的数量	29.35	68.57	0	600
遇到困难时可以帮忙人数占经常接触人数比率	0.43	0.28	0	1
您和朋友的交流程度	4.01	0.89	1	5
您和亲戚的交流程度	3.65	0.85	1	5
您和村干部的交流程度	2.44	0.89	1	5
您和邻居的交流程度	3.38	0.80	1	5
您和德高望重的农户的交流程度	2.57	0.84	1	4
您和农业组织的交流程度	2.23	0.93	1	5
您和家庭成员的交流程度	4.31	0.73	1	5
您最好朋友的职业种类	2.07	1.21	1	5

续表

衡量指标	平均值	标准差	最小值	最大值
您最好朋友的收入状况	2.88	0.64	1	5
您主要亲戚的职业种类	2.17	0.77	1	5
您主要亲戚的收入状况	2.11	0.94	1	5
您家其他成员主要职业种类	1.91	1.09	1	4
您家其他成员的收入状况	2.95	0.56	1	5

边燕杰（2000）测度网络规模效应、网络密度效应、网络位差效应来衡量社会网络。根据边燕杰对社会网络概念的总结，农户社会网络主要是由网络规模、网络频率和网络差异来衡量的。网络规模主要用大多数人在遇到困难时能帮得上忙的人占平时交流人数的比率来衡量，网络频率主要是用农户与当地人们长期交流的次数来考察，网络差异重点是用被调查人主要社会关系人员的工作与财富状况来考察。由表 3-7 统计显示，社会网络规模方面，经常接触人的数量高于 100人，但真正有困难能够帮忙的人却不到平时联络人的30%，大多数人在遇到困难时能帮得上忙的人的平均值为 0.43，说明大部分人愿意自己解决问题，且农户间的资源互动能力较弱，网络的规模不大，这与农户小农意识"管好自己的一亩三分地"的心理有关。在对不同群体的交流程度上的数据结果表明，均值越高说明交流程度越低。

表 3-8　网络频率指标选择比例分布（%）

	从不	偶尔	一般	比较频繁	经常
您和朋友的交流程度	0.34	4.39	23.87	36.49	34.91
您和亲戚的交流程度	0.79	8.9	28.27	48.31	13.74
您和村干部的交流程度	15.09	36.94	37.16	10.25	0.56
您和邻居的交流程度	2.48	9.35	38.96	45.72	3.49
您和德高望重的农户的交流程度	10.47	35.36	41.33	12.84	0
您和农业组织的交流程度	27.03	29.39	37.16	6.08	0.34
您和家庭成员的交流程度	0.56	1.46	7.88	46.96	43.13

由表 3-8 可知，农户的网络频率有一定的差异，大部分农户与朋友和家人的交流较为频繁，选择该项农户所占比例分别为 36.49%和 46.96%，而与村干部和农业组织的交流很低，仅有 0.56%的农户和村干部交流十分频繁，10.47%的农户与德高望重的农户几乎没有交流，27.03%的农户从不和农业组织接触。当问及和亲戚、邻居的交流程度时，48.31%和 45.72%的农户选择了"比较频繁"。被调查农户与朋友、亲戚、邻居和家庭成员交流得最多，这与中国农户传统的亲缘和地缘思想紧密相关；农户与农业组织的交流程度不高，其中最重要的原因可能是人部分地区的农户组织建设不足，即使存在农业组织，但其发挥的作用也不大；而与村干部交流不多是权利级差导致政治地位的差异，在调查中很多农户反映村干部不好接触，而且如果没有什么事情不会轻易去找村干部。与德高望重的农户交流不多可能是由于德高望重农户忙于自己事务，有限的时间和精力造成了与农户间的交流较少。运用职业类别和财富状况衡量农户网络差异，调查数据表明，农户网络差异不大。网络差异并不是特别明显，农户相关的社会关系的工作种类和收入水平都较为相似。

表 3-9 职业种类指标的描述性统计（%）

	1 种	2 种	3 种	4 种	5 种
您最好朋友的职业种类	47.3	20.95	9.91	21.62	0.23
您主要亲戚的职业种类	22.18	38.74	38.85	0.11	0.11
您家其他成员主要职业种类	46.73	31.98	4.39	16.89	

由表 3-9 可知，47.3%农户的亲密朋友只有一种工作，工作种类集中在务农；38.85%的农户亲戚的工作种类有 3 种，集中在村干部、务农和经商；46.73%的农户家人的工作种类也是 1 种，集中在务农和经商上，可见，农户的相关关系群体的工作种类相对单一，主要集中在农业领域上。

由表 3-10 可知，亲朋好友的财富状况基本类似，都处于中等偏下水平，68.58%的农户认为自己的亲密朋友财富水平处于中等状态，38.29%的农户认为自己亲戚的收入较低，收入与工作种类成反比，可能是由于人们不愿露富的心理导致其他人并不知道收入的真实情况。
76.13%的农户认为自己的家庭成员拥有的财富不多也不少。

表 3-10　收入状况指标的描述性统计（％）

	非常不富裕	比较不富裕	一般	比较富裕	非常富裕
您最好朋友的收入状况	2.48	18.58	68.58	9.12	1.24
您主要亲戚的收入状况	29.39	38.29	24.89	6.42	1.01
您家其他成员的收入状况	1.69	12.05	76.13	9.35	0.79

3.2.2　社会信任

表 3-11　社会信任指标的描述性统计

	非常不信任	比较不信任	一般	比较信任	非常信任	平均值	标准差
朋友信任	1.69	9.46	38.96	18.69	31.19	3.68	1.06
亲戚信任	0.11	1.35	4.73	46.51	47.30	4.40	0.65
村干部信任	7.77	14.75	45.72	28.04	3.72	3.05	0.94
邻居信任	0.34	1.46	35.25	50.79	12.16	3.73	0.70
有声望农户的信任	1.46	6.08	46.28	40.77	5.41	3.43	0.75
农业组织信任	3.60	15.88	51.24	25.34	3.94	3.10	0.84
家人信任	0.00	0.45	5.52	19.37	74.66	4.68	0.60
一般人的信任	3.60	28.15	51.58	13.63	3.04	2.84	0.81
陌生人的信任	34.68	38.63	22.41	3.72	0.56	1.97	0.88

　　社会信任主要从农户对不同主体的信任程度由高到低进行考察。
表 3-11 统计显示表明农户对家庭成员的信任程度最高，其次是亲戚、
邻居和亲密朋友，对村干部、农业组织、德高望重农户的信任程度大
体相当，对一般人的信任和陌生人的信任程度偏低，这表明与自己关
系越亲近的人的信任程度越高，农户信任数据是可靠的，符合常理的。
31.19%的农户对亲密朋友是非常信任的，只有极少数农户对亲密朋友
的信任度很低，可能是由被亲密朋友骗过的缘故。调查访谈发现，有

部分农户对亲密朋友不信任的主要原因是传销猖獗，被朋友拉去做传销骗人。45.72%的人对村干部是一般信任，在调查中，大部分农户表明有事情需要解决时不太找村干部，公众对村干部的信任程度下降，但从总体上说，大部分人对村干部还是有一定的信任感的。50.79%的人对邻居是比较信任的，这与地缘优势密不可分。大部分人对德高望重的农户偏高于一般信任，由于德高望重农户在村中具有一定的公信力和威望。74.66%的人非常相信自己的家人，这与在中国"血浓于水"的现实社会是相应的。绝大多数农户对一般人和陌生人的信任程度偏低，介于比较不相信和一般相信之间。调查表明农户的社会信任处于下降趋势，农户间由于彼此不信任造成的分化越来越严重。

3.2.3　社会声望

表 3-12　社会声望指标的描述性统计

	从不	偶尔	一般	较频繁	经常	平均值	标准差
当您家有喜事时,是否有亲戚朋友愿意帮助您？	1.80	3.83	27.70	50.00	16.67	3.76	0.84
农忙时其他人是否愿意过来帮忙？	5.63	14.75	41.67	27.59	10.36	3.22	1.01
您家盖房时是否有亲戚朋友过来帮忙？	19.03	20.16	34.23	25.23	1.35	2.70	1.09
别人家如果闹矛盾是否会找您帮忙？	9.01	25.90	37.95	25.00	2.14	2.85	0.97
当别人做决定时是否愿意找您商量？	19.26	36.94	30.86	11.82	1.13	2.39	0.96
您觉得村里人对您尊重程度如何？	1.35	21.17	48.99	25.68	2.82	3.07	0.79

在社会声望的衡量中，本书假设农户间的互动程度越高，该农户的声望就越高。农户数据显示，除了别人家闹矛盾较少找人解决外，其他的变量指标均在均值（2.5）之上，可见大部分人在自己村的声望

还是比较高的。76.67%的农户在家有喜事时，会有亲戚朋友过来帮忙，说明在朴实民风保留相对完整的陕西农村社区，农户间的互惠是较为常见的。而盖房子时朋友过来帮忙的比例略低，是由于现有社会条件下，大部分农户将采用集体大包的方式盖房，较少需要朋友帮助。12.95%的农户的意见较多机会会作为别人决策的参考，在农村，大部分农户在做决策时都是自己家庭内部商量，如果能够参考其他人的意见，说明该农户的声望较高。农忙时，农户大部分愿意彼此帮忙，完全体现了农村间互助合作的精神面貌。28.50%的农户自我评价良好，认为村里的人对自己比较尊重。

3.2.4 社会参与

表3-13 社会参与指标的描述性统计

	从不	偶尔	一般	较频繁	经常	平均值	标准差
如果村里有问题需要解决，您是否会号召其他农户一起参与？	29.28	22.52	12.50	33.11	2.59	2.57	1.28
您是否经常参加村集体活动？	12.50	27.14	33.33	20.05	6.98	2.82	1.10
参加村干部选举您是否投票？	52.70	11.49	11.60	12.50	11.71	2.19	1.47
您在村中的公共事务决策时是否提出过建议或意见？	21.62	28.60	27.36	19.37	3.04	2.54	1.12
您是否愿意参加"一事一议"？	19.03	33.67	29.50	16.22	1.58	2.48	1.02

社会参与表达了农户对集体事务的热情程度和民主权利，体现了其需求表达和利益诉求情况。用参与村中公共事务的频率来反映。农户社会参与的指标调查显示，除村干部选举投票农户参与低于平均水

平外，其他活动的参与处于平均水平，但整体社会参与水平较低，农户参与公共事务的积极性不高。35.7%的农户比较愿意号召农户参与村中事务，6.98%的人经常参与村中的集体活动，12.5%的农户从来不参加村中的集体活动。村集体活动的参与热情不高，主要与村集体活动的宣传不到位有关，调查中发现农户根本就不知道村中存在何种集体活动。47.30%的人参与选举村干部的投票。在调查提问中，大多数农户并没有自主选举意识，而是受"洗衣粉""选举费"等利益驱使和其他权威农户的号召等参与选举。21.62%的农户从不在公共事务决策中提出建议，主要是由于农村事务大部分被极少数的村干部垄断而农户缺少话语权导致的。仅有 1.58%的农户愿意经常参加村中的"一事一议"。关于村中"一事一议"，一部分农户少有听说，大部分农户对"一事一议"的参与程度低，可见，基层民主参与程度并不高，农户表达利益诉求的意愿较低，政府激励农户自治职能较弱。

3.3　本章小结

在通过对现有社会资本文献进行整理后，提出农户社会资本内涵及其不同维度，并对调查问卷进行了一致性分析，各维度指标通过了一致性检验。可见，将农户社会资本分为社会网络、社会信任、社会声望、社会参与是合适的。用因子分析法对农户社会资本各个维度进行探索性分析，根据因子权重找到不同维度的指数公式，最终将各维度赋权加总形成农户社会资本指数。农户社会资本存在：农户社会网络差异不大，规模较小；社会信任度普遍偏低；社会声望较高；社会参与度较低的特征。

第4章

农村社区小型水利设施合作供给现状

小型水利设施是农业可持续发展的重要载体，有利于提高农业综合生产能力、促进农村全面建设小康社会，有助于生态系统的维护，与农户生活密不可分。小型水利设施具有俱乐部产品的属性，既可以通过政府来提供，也可以经由市场机制提供。因此，加快小型水利设施建设，通过多种途径探索小型水利设施的供给被提上日程。本章重点说明现存小型水利设施的供给现状，并分析了合作供给存在的问题，指出通过社会资本途径解决小型水利设施合作供给困境是非正式制度的必然选择。

4.1 农村社区小型水利设施供给分析

4.1.1 中央水利投资现状

农村推行家庭联产承包责任制以后，农田水利投入呈现低潮，严重影响到农户的种粮热情，威胁到国家粮食安全。农田水利设施薄弱、田间配套工程不足、农业生产"靠天吃饭"的问题仍然严峻，农田水利建设滞后是影响农村生产生活的突出矛盾，当前，约有 40%的小型水利设施无法使用。要保障农户正常享有小型水利设施灌溉功能需要投入大量的资金。意识到小型水利设施的突出矛盾，为保障国家的粮食安全和灌溉用水效率，国家投入了大量的资金建设小型水利设施，加大了对水利基本建设的投资力度，投资规模逐年增加。2005 年国家实施小型水利设施建设补助政策，2009 年中央开始实施小型农田水利重点县建设，在全国范围内逐步推进农田水利建设。同年，国家颁布《中央财政小型农田水利设施建设和国家水土保持重点建设工程补助专项资金管理办法》，吸引民间资本投入，试图建立小型农田水利设施建设多元投入机制。2009 年到 2010 年国家投入基本水利设施建设的资金增长率明显增加，2011 年有所回落，与税费改革时期持平。2012 年中央财政用于水利专项资金为 601.1 亿元，其中用于小型农田水利建设的资金为 241.3 亿元，占投入量的 40.14%，当年新增加的有效灌溉面积为 2151 千公顷。据统计，我国目前的小型农田水利工程总共约有 2000 万处，其中小水库 8 万多座，塘坝 600 多万处，水窖、水池、水柜 560 多万处，机井 400 多万眼，泵站 50 万个，流动排水设施百万台套（资料来源：水利部农村水利司），从一定程度上缓解了小型水利设施供给压力。尽管水利基本建设投资年均增长率为 13.9%，增长速度较快，但是占 GDP 的比重却呈现下降趋势（唐娟莉，2013），且 2010 年以后出现增长率下降的趋势（如图 4-1）。由此可见，虽然水利基本建设投资总量逐年增加，但是与农业生产发展等需求相比，还显得不足。在资料搜集过程中，笔者发现对小型水利设施的投入并没有纳入权威统计资料——国家的统计年鉴或者是水利发展统计公报中，表明国家对小型水利设施的建设重视程度不够。可见，我国政府对于农田水利设施的投资结构不尽合理，对小型水利设施的投入力度不够，需尽快改变此现象，以免制约农业现代化的顺利转型，影响全面建设小康社会的前进步伐。

基于社会资本视角的农村社区小型水利设施合作供给研究

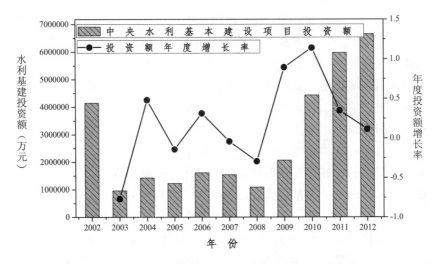

图 4-1　2002-2012 年我国水利基本建设投资额及其年度增长率

资料来源：水利部：《全国水利发展统计公报》（2002-2012）

4.1.2　陕西省水利投资现状

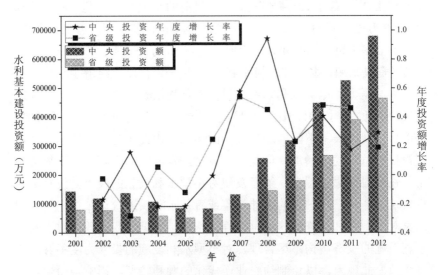

图 4-2　2001-2012 年陕西省水利基本建设投资额及其年度增长率

资料来源：《陕西省统计年鉴》（2001-2012）和陕西省水利局

56

陕西省水利设施建设投资是以中央投入为主，地方投入为辅的财政支出体系。由图 4-2 可知，2001-2012 年，陕西省中央水利基本建设投资规模呈持续增长的态势。2012 年中央水利设施基本建设共投资679556 万元，比 2001 年增加投资 536046 万元，增长了 3.74 倍。地方水利基本建设投资增加比呈现波浪式的增长，2006、2007 和 2008 年的年投资增长明显升高，主要与国家政策息息相关。自 2006 年税费改革以来，中央一号文件反复强调水利设施建设的重要性，增加投资力度，投资额呈现明显上升趋势。

2008 年是中央水利建设投资增长最快的一年。陕西省地方政府响应"十一五"政策号召，采取集中资金投入、连片配套改造、以县为单位整体推进等措施加大投入力度。十一五期间陕西省累计投入农村小型水利建设专项资金 24.6 亿元，其中农民自投资金 6.8 亿元，共实现改造衬砌小型灌溉渠道 5680 千米，改造塘坝 110 座，堰闸 250 座，机电井 7352 座，小型抽水泵站 542 座，集雨水窖 1.68 万眼，累计恢复有效灌溉面积 98 万亩，建成低压管灌、喷灌、微灌等高效节水灌溉面积 21 万亩，新增蓄、引、提水能力 15100 万方，新增小麦、玉米等粮食生产能力 38.4 万吨，显著改善了全省农业水利设施条件。

尽管陕西省水利建设取得一定成效，但近年来干旱连年不断，洪涝灾害也时常发生，严重困扰了农业生产，对部分地区群众生产生活安全造成影响，威胁农业稳定发展和粮食安全。2010 年中央将陕西全省的小型农田水利建设重点县由 15 个扩大到 34 个，截至 2009 年底，省财政厅和水利厅联合将 12.28 亿元中省资金下达到 34 个农田水利工程重点县（区），但不足全省县（区）数的三分之一，且投入资金明显不足。在此背景下，市县政府投入积极性也明显较低，农田水利投入不足、小水利配套设施不全仍是水利设施建设的薄弱环节。据 2009 年全国人大常委会统计的关于陕西省农田水利建设情况的专题调研报告，全省统计的 17.8 万眼机井和 9300 座抽水站中近一半不能正常使用。加之农业比较效益下降以及滞后的农田水利基础设施建设，极大降低了农民参与农田水利设施建设的积极性。由于新的农田水利设施建设投资匮乏，农田水利设施建设越发薄弱。

图 4-3 所示，2012 年咸阳市水利设施的投资主要来源于中央，占总投资的 35%，呈逐年增加趋势，省级和市级的投资相对较少，分别占 12% 和 5%，与 2011 年相比呈下降趋势，主要受地方财政收紧政策影响，而县级以下地区的投资势力上升，2012 年县级以下水利设施的投资增长 344%，民间投资比例占 21%，虽然低于 2011 年投资水利，但仍表现扩大趋势。历年的中央一号文件多次强调建设小型水利设施重点县要依靠民间资本的投入，通过多种途径鼓励民间投资和农户合作，除了中央财政支持大中型水利设施的建设外，小型水利设施的建设更多的依靠县级政府和民间组织。咸阳市采用"民办公助"机制、"一事一议"机制、"以奖代补"机制等加大小型水利设施的建设资金投入力度，充分发挥民间投资和村民自筹的作用，取得了一定的成绩。2012 年，咸阳各级水利部门完成投资 3.3 亿元，发展节水灌溉面积 18 万亩，新增提引蓄能力 400 万立方米，恢复（新增）灌溉面积 4 万亩。

但是，由于咸阳市农村水利工程大多是上世纪六七十年代建成投入使用，加之多年来的运行中管护不到位，造成工程老化失修，带病运行。全市现有 66 座水库中，病险水库占到总数量的 40%；全市 22000 多眼机井中，目前能正常使用的 14000 眼，不足 70%；已建成的 1044 处抽水站中，能正常启用的仅占三分之一左右。小型水利农田灌溉设施年久失修，老化破损程度相当严重，田间灌溉末级渠道损毁更是突出，严重影响了水利工程效益的正常发挥，极大地降低灌溉用水效率，也成为降低抗旱能力的重要原因。（周明君、张扬，2012）。此外，尽管市政府投入小型水利设施总量有一定增加，但增加的比例仍相对较低，全市农田水利建设的资金缺口依然很大，民间资本吸引不足。

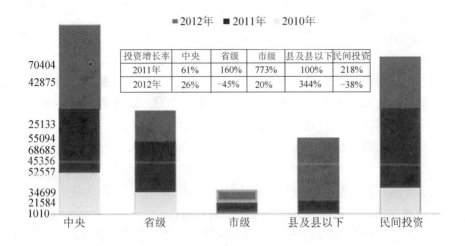

图 4-3　咸阳市水利建设投资来源及增长率（2010-2012）

注：数据来源于 2010-2012 年《陕西省统计年鉴》。水利建设投资主要包括：防洪、险库、重点水源及枢纽、灌排、饮水、水土保持、农村小水电、渔业等。

4.1.3　调查区域小型水利设施供给分析

尽管中央、省、市、县四级财政对小型水利设施投入了大量的精力与金钱，但小型水利设施的供给仍然难以满足农户需求，每年都有大量的水利缺口。造成这种困境的原因有多个方面：首先，小型水利设施较为分散，是与农户的生产最息息相关的基础设施，但国家对能够带来效益的大中型水利设施的投资有所偏重，而对小型水利设施的投资不足，导致供给远远不能满足农户的需求；其次，集体经济功能弱化导致小型水利设施供给能力下降，加之设施产生的局部外部效益没有内部化，个体农户无力、也不愿投资于这些非营利性工程，导致供给不足；再次，现有小型水利设施投资仍然面临着供给主体主要以政府为主，较少由民间资本和农户合作投资等问题；此外，水利设施的产权界定不清晰；供给产权以国家所属权利为主，而对其他人的放权较少，限制了农户对小型水利设施的投资与管理；供给效率低下，广大的西北地区的用水难以正常运行。

咸阳市地处陕西关中平原腹地（位于东经 107°38′至 109°10′，北纬 34°11′至 35°32′之间）。该地区气候属于温带大陆性气候，水资源主要由河川径流和地下水所组成，是农业灌溉用水的主要来源。该地区主要种植作物为小麦、玉米、蔬菜、水果，部分经济作物需水量大。农户收入以农业收入为主。自国家推行小型水利设施重点建设县以来，陕西省咸阳市三原县作为重点建设单位被列入。与此同时，该区域还存在农户合作、私人承包等多种方式的小型水利设施供给。调查区域为小型水利设施重点建设县，小型水利设施需求量大，投入建设项目多，涵盖投资方式较为全面，有较强的代表性。

在现有背景下，笔者带领由西北农林大学经济管理学院 10 名研究生组成的调查小组，于 2011 年 4 月至 6 月和 2012 年 3 月至 5 月在陕西省咸阳市三原县新兴镇、渠岸乡、高渠乡、徐木乡、嵯峨乡 5 个乡镇 40 个村，1000 户农户针对小型水利设施的投资来源、投资规模、水利设施建设的成果和存在的困难、相关的政策制度问题、小型水利设施的利用和使用情况以及小型水利设施的合作行为等方面与村干部和个体农户进行面对面的访谈调查。具体情况介绍如下。

4.1.3.1　小型水利设施的认知

根据对现有文献的梳理，本书将小型水利设施的功能主要设定为"抗旱、排涝、增加产量、解决人畜用水问题、增加收入"。调研样本中，有 63.39%的农户认为小型水利设施的功能是防旱；8.8%的农户选择了增加产量，保障了农业生产的顺利进行；3.05%的农户认为小型水利设施的主要功能是解决人畜用水问题，24.76%的农户认为是排涝。统计表明，现有农村地区小型水利设施最主要的功能是保障农业用水，促进农业生产的顺利开展。可见，小型水利设施仍然是农户灌溉用水的重要基础设施和先行资本。对现有小型水利设施认知程度的调查结果（如图 4-4 所示）发现 54.49%的农户认为小型水利设施非常重要，仅有 0.34%的农户对小型水利设施的认知程度极低，表明小型水利设施与他们的生产生活密切相关，农户对小型水利设施的重视程度很高。调查发现，不少农户都是小规模经营农户，对小型水利设施的需求旺盛，他们认为没有小型水利设施，则只能靠天吃饭，会严重影响到种粮的意愿和粮食产量，进而影响到农户增收。可见，小型水利设施与农户生产有着非常紧密的关系。

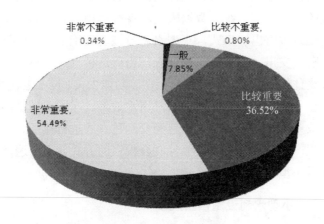

图 4-4 小型水利设施认知程度比例

4.1.3.2 小型水利设施的供给主体

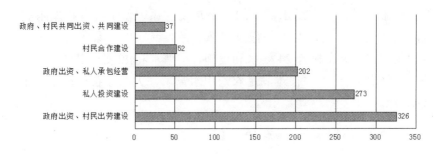

图 4-5 小型水利设施建设主体分布

结合中国当前的小型农田水利设施投资现状，依据设施经营主体的不同，将小型水利设施的供给主体分为 5 种，具体为：政府与村民共同建设、村民合作建设、政府出资私人承包经营、私人投资建设、政府出资村民出劳建设。调查样本中，有 37 户农户使用的小型水利设施是政府、村民共同建设的，52 户使用的是村民合作建设的，202 户农户使用的小型水利设施是政府出资、私人承包经营的，273 户农户是使用私人投资建设的水利设施，326 户农户是使用政府出资、村民出劳建设的水利设施。统计数据表明，现有小型水利设施的供给方式最主要的还是政府出资形式，小型水利设施建设绝大部分依靠中央和地方政府财政支出。而政府出资、农户出劳这种方式的小型水利设施主要是大集体经济的产物，大部分存在着功能失灵、设备老化的情况，且由于产权不清，极大地影响到农户用水效率。在国家鼓励小型水利设施产权改革的过程中，私人承包经营这种方式也日益受到青睐。但农户联合生产的方式仅占 5.63%，联合投资的方式并不普遍，通过民间资本建设小型水利设施效率较低。

4.1.3.3 小型水利设施供给规模

在现实调查中，当问及"您家耕地一里范围内是否有灌溉设施"时，23.42%的农户表示在 500 米范围内没有灌溉设施，76.58%的农户表示在 500 米范围内有灌溉设施，可见，灌溉设施的分布较为广泛，使用较为便利。从设备布局来说，是与农户需求相适应和匹配的，但仍然难以满足农户用水需求的一个重要的原因就是现有小型水利设施年久失修、设备老化，有很多都已经废弃。以王家庄村为例，调查发现，王家庄村有 24 处水利设施，小型水利 13 处，其中废弃 4 处，失修老化 5 处，很难满足农户用水需求，大部分农户只能"靠天吃饭"。

4.1.3.4 小型水利设施供给效率

小型水利设施供给效率是保障农户正常用水的前提和基础，主要从政府投入力度、水利设施运行情况、水利设施满意度三个方面来考察供给效率。

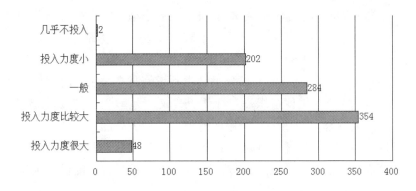

图 4-6　小型水利设施投入力度统计

在调查中，问到小型水利设施投入力度的问题时，354 户农户认为现有小型水利设施的投入力度是比较大的，政府还特意出台了相关的水利补贴政策，让农户享受到真正的实惠；而 2 户农户认为，政府对小型水利设施几乎不投入。表明政府投入确实得到了明显效果，但仍然存在一些问题。在投入力度不足的原因调查中，有 42.45%的农户认为是出资方式不合理造成的，而 33.22%的农户认为是资金短缺导致的，17.91%的农户觉得是由于政府的组织力度不大，6.42%的农户则选择了"群众热情度不高"作为小型水利设施投入力度不足的原因。可见，资金的合理利用及充足性是影响小型水利设施投入力度的两个关键点。

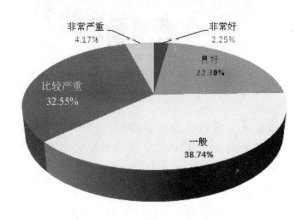

图 4-7　小型水利设施运行状况统计

由图 4-7 显示，在调查区域内，4.17%的小型水利设施破损非常严重，32.55%的设备损耗比较严重，而仅有 2.25%的设备运行良好，表明现有小型水利设施的运行状况并不乐观，年久失修、设备老化等现象较为普遍。这主要是由于部分小型水利设施是在大生产时期村集体建设投资的，原有集体组织没有行使所有权，设施名义上归集体所有，实际上无人管理，成了公有公用的财产，人们关心的只是从设施使用中直接得到的利益，根据个人理性过度使用设施而不顾及给集体带来的延期成本，陷入了"公共地悲剧"。同时，维护过程中的机会主义行为也相当普遍，由于个体农户建设其他成员可以享有资源导致只用不修、有人用无人管就成了常见的现象。

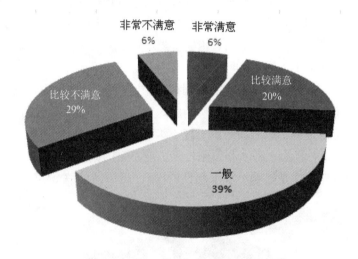

图 4-8　农户小型水利设施满意度的分布情况

满意度也是表征供给效率的重要指标。本书采用单项目自主陈述满意度的方法来衡量满意度水平，具体用"总体来看，您对现有小型水利设施管护服务满意吗？"来表征。要求被调查者根据自己的主观感受做出选择，量表采用李克特五分量表法，将"非常不满意"、"比较不满意""一般""比较满意""非常满意"依次赋值为 1 分、2 分、3 分、4 分、5 分。由图 4-8 可知，在调查样本中，仅有 6%的农户对现有小型水利设施的管护非常满意，39%农户认为现有小型水利设施服务一般，29%的农户对小型水利设施管护比较不满意，认为小型水利设施服务有很大的提高空间，6%的农户非常不满意。总体来看，小型水利设施服务的满意度较低，且满意程度存在较大差异。当问及不满意原因时，有51%的农户不满意由管理不善导致。部分村庄重视建设，但是建设好了以后的管理存在较大的问题，折射出产权不清、利益协调不合理等问题，小型水利设施的管理维护不能轻视。

4.2　小型水利设施合作供给的描述性统计分析

4.2.1　供给数量和质量

（1）供给数量

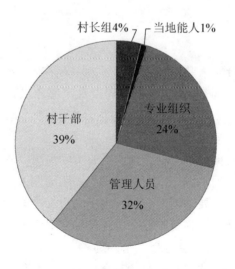

图 4-9　小型水利设施合作供给主体统计

不同主体可以将拥有共同需求农户融合到一起,组织其进行合作。

调查显示，在合作供给过程中，有联合合作供给的小型水利设施为 52 处，当具体问到水利设施的联合合作的发起主体时，其中由村干部提出的建设水利设施占 38.39%；由水利设施的管理人员提出组织的占 32.11%；由专业组织合作形成的占 23.93%；由当地村组长和能人发起的水利设施占 5.56%（见图 4-9）。村干部仍然是农户合作的一个重要纽带，而在农户自组织中起到重要作用的农村核心农户的作用并没有凸显出来。这很有可能是与村干部的领导和权利控制有关。

（2）供给质量

在问及小型水利设施的合作供给设施的质量时，仅有2%的农户认为水利设施运行状况非常好，22%的农户认为现有水利设施供给良好，33%的农户认为当前水利设施的破坏较为严重，4%的农户认为水利设施的破坏十分严重。可见，小型水利设施合作供给质量不高，在合作供给后期，小型水利设施的运营维护需要大量的成本，而农户容易对长时间低收益高投入的合作失去耐心，开始出现违约或者放弃合作的现象，最终导致了水利设施供给质量难以保证。

4.2.2 农户合作意愿

（1）农户合作意愿描述性统计

调查数据表明有 62.02%的被调查农户愿意进行小型水利设施供给的合作，仍有 37.98%的农户不愿意合作。

（2）农户参与合作动因

调研中，根据已有文献和预调研的实际情况，本书选取"增加收入、降低成本、用水方便、信任发起人、跟随别人"几个选项，作为农户参与合作的主要动因的选项。由于农户参与合作意愿受到多种因素影响，所以选项选择可能存在着重叠和交叉。统计数据表明，其中有48.31%的农户愿意参与合作是因为参与小型水利设施建设能够增加收入，有50.34%的农户愿意参与合作是因为合作能够降低单独投资的高额成本，有46.74%的农户愿意参与合作是考虑到水利设施建成后能够缓解由于水利设施不足而造成的灌溉用水困难，有11.01%的农户认为信任合作发起的组织者是他们愿意合作的原因,选择"跟随别人"的农户仅占 1.80%。大部分农户之所以选择合作是与成本收益的预期密切相关的。因此,低成本和高回报成为农户愿意参与的主要驱动力。

(3)农户参与合作方式

本书拣选农户最主要的参与方式选项为"出资""出力""既出资又出力"。根据调查样本,有 16.43%的农户愿意选择只出钱的方式参与小型水利设施的合作,有 30.36%的农户则愿意为小型水利设施合作提供劳动力,占样本 53.21%的农户选择了"既出资又出力"。可见,农户最愿意接受的参与方式是两种方式兼有的形式,这种形式既避免了过于高的经济负担,同时还能在小型水利设施建设过程中提高监督能力和参与水平,保证了小型水利设施合作供给的质量。

(4)农户参与合作困境

农户参与小型水利设施建设的困境主要用农户不愿意参与的原因来统计衡量。在问及农户为什么不愿意参与时,主要设定"没有钱、涉及利益不好弄、没有合适的人、没必要和其他"几个选项。根据调查数据统计表明,造成农户参与困境最主要的原因是没有钱,其比例达到 51.26%;其次是由于没有合适的人合作,占 41.15%;再有就是40%的农户怕涉及到利益问题难以协调;还有就是因为其他原因造成的不愿意合作,占 1.38%,调查对象的回答显示其他原因中最重要的问题是组织方式难以确定;仅有 0.69%的农户满足于现有的水利设施不愿意合作。可见,资金约束仍然是小型水利设施农户合作供给的短板,当然能干的组织者和合理的利益协商机制也是制约小型水利设施农户合作实现的重要原因。

4.2.3 农户支付行为

(1)农户支付意愿

统计调查数据表明,共有 653 户农户在小型水利设施建设过程中愿意支付,占调研样本的 73.37%。愿意支付的人数在乡镇分布较为均匀，而且愿意支付的农户的比例高于不愿意支付农户比例，大量农户存在支付意愿。

（2）农户支付金额

根据支付卡问卷方法，对 890 份问卷进行整理分析，对不同农户的支付金额进行统计，统计数据表明，其中，50.15%的农户愿意支付总体建设投入的 20%～40%，只有 5%的农户愿意进行较大比例的投入。尽管农户在支付意愿中表现了极大的热情，但是当涉及到支付金额的费用时，大部分农户愿意承担额度并不高。

（3）农户合作支付行为困境

农户支付困境主要选取"收入水平低、分摊成本方案未知、对组织者不信任、对收入影响不太大、出钱不一样会吃亏和其他"作为选项。在调查不愿意支付的原因时，有 34.12%的农户觉得自己的收入水平低，难以承受较高小型水利设施投入成本，11.26%的农户想看看是什么样的成本分担方案再决定，23.31%的农户对组织者能力心存疑虑，24.21%的农户觉得投资小型水利设施对收入的影响不太大，属于利益导向型，7.1%的农户觉得出钱或不出钱一样都会吃亏，担心在支付过程中的公平问题。与合作行为的制约因素相似，农户收入问题仍然是影响农户行为决定的第一大要素，成本分摊方案是否公开和合理也是非常重要的原因。

4.3 小型水利设施合作供给存在问题

自 2006 年至今，中央"一号文件"都明确强调加大水利基础设施的建设并将其作为解决三农问题的重点。2011 年中央做出的水利改革决定进一步加快了水利改革的进程。"十二五"规划中，中央又一次将"加快水利改革发展"提上日程。尽管国家出台多项政策积极推进小型农田水利设施建设，投入了大量的资金，但是小型水利设施仍难以满足分散化农户需求，资金不足依然是农村水利事业发展的主要制约因素。解决资金问题，不再单纯依靠国家补助和集体投入，部分区域试图改革农村小型水利工程投资体制，调动农民投资的积极性，激发农户间自发合作供给小型水利设施。实践中，合作供给存在着供给主体激励不足、缺乏合理成本分担方案、合作供给效率低下等问题。从深层次剖析小型水利设施合作供给不足的原因，有利于更科学地把握小型水利设施供给的现实情况，从而为小型水利设施的可持续供给和农业生产的顺利进行提供可靠的依据。

4.3.1 合作供给主体不足，核心农户缺乏

小型农田水利设施属于"俱乐部"产品，既可以由政府投资，也可以由农户自主合作提供或者是由第三方提供。不同主体提供的动机不同。政府提供的标准在于整个社会的福利最大化，农户选择的标准在于追求自己的利益最大化，第三方供给者选择的标准衡量边际收益与边际成本的投资回报率。尽管中央一号文件提出要投资小型水利设施重点建设县，并对不同地区的农户用水设备问题进行了大量投资和财政支持，但是现有的小型水利设施仍然难以满足农户的需求。部分生产队遗留小型水利设施出现设备老化、年久失修等问题，严重影响到了农户正常的灌溉用水功能。因单个的小型水利设施的投资规模较大，单一的农户难以承担小型水利设施的建设成本，导致水利设施的供给主体缺失，水利设施供给不足。同时，小型水利设施的投资主体为上级部门和当地政府，容易出现政府和上级部门的利益冲突和矛盾，最终导致小型水利设施的供给主体缺位。尽管设施的缺失对其农田的产出和家庭生活有很大的影响，但是农户根深蒂固的小农思想促使其做出"宁愿不受益，也绝不吃亏"的选择。此外，农户对政府失去信任，农户追求自身利益最大化、水利设施投资回报率较低也是造成小型水利设施农户主体缺失的重要原因。

农户自发合作成为小型水利设施供给的合理方式。农村自发合作需要由核心农户（精英农户）发起并对相关的利益需求进行协商和调节。但是在实际调查中发现，现有农村的主要劳动力都因为农村收益太低而向城市流动，精英劳动力外溢更是严重；而本应该担负更多责

任的村干部也因为关注自己的形象和政绩将精力向土地流转转移，同时担心由于村内组织过于强大而影响到自身的政治利益，忽视了村内部的组织建设，抑制了核心农户的形成与发展。没有合适的组织者使得农户合作行为难以实现。

4.3.2　合作成本分担方案难以统一

中国有句俗话叫"众口难调"，这在广大的农村地区尤为明显。农户因为历史遗传、地理位置、社会资本等原因而导致其拥有的资源禀赋难以统一，不同的资源禀赋的农户的需求是有一定差异的，在面临合作选择时，差异性农户的需求要想达成一致是很难实现的，而且需要极高的协商成本。基于个体理性，农户在进行合作供给选择时面临着合作成本分担方案的制定问题，他们都渴望从自身利益最大化考虑出发，不希望自己在这次合作供给中吃亏。在调查访谈时，当问到他们为什么不愿意合作和支付时，有部分农户实际上表现出了强合作意愿和强支付能力，但是让他们担忧的一个重要问题就是在合作过程中，如何分担成本的问题。他们提到，"这年头一起合伙不容易，出的多少和分的多少不一样就会散伙，还不如自己一个人搞"。部分经济条件优越的农户甚至出现了自己投资建设小型水利设施的想法，而确实有部分农户也实践了这种想法。但现实情况是，大部分农户仍然难以依靠自身的力量建设水利设施，合作供给是解决灌溉用水不足的最好方法。这时需要借助某种内生制度来减轻不同需求协调和整合带来的高额成本，使得合作得以实现。

4.3.3　合作供给效率低下

供给效率，是指在给定的技术水平和水资源条件的基础上，实现资源最优配置，保证农户福利的最大化。小型水利设施的供给效率主要是通过能否保障水利灌溉的正常供给和种粮效率来衡量。在调查过程中，我们发现现有的小型水利设施有很多都处于年久失修，无人问津的境地。在和农户的交流过程中，部分农户抱怨小型水利设施无法正常使用，难以满足日常的灌溉用水，尤其是在干旱时节。但当问到他们为什么不自己修理或者是为什么不向上级反映情况时，他们的回答是自己投资不划算，而且也花不起太多的钱，还有部分人愿意出钱，但具体该怎么办并不是很清楚。另外，传统的城乡二元结构导致地方财政能力有限，不愿意将资金过多地投入农业相关领域，所以维修和管护并没有得到相关领导的重视。农户无奈之下就选择了靠天吃饭，这极大地影响到了农户种粮的积极性和粮食产量。特别是随着土地流转进程的加快，农户拥有的土地面积降低，极大地降低了农户对小型水利设施的依赖性。由于边际收益难以弥补农户进行水利建设的成本，农户开始不愿意出资进行建设。此外，农户小农意识造成农户出现"其他人不修，我也不能修，这样不公平而且吃亏"的心理。因此，小型水利设施供给效率低下，影响到农户的正常灌溉用水，甚至影响到农户合作行为选择。

此外，现有农村社区的村干部轻视合作建设和运营，而普通农户又缺乏专业的知识和经验，再有就是需求难以统一和协商，众多的原因导致合作组织在运营的过程中出现缺位、目标实现困难、协商压力大等现象，最终造成合作运营效率较为低下，不容易形成持久性的组织动力，最终影响到农户参与供给的积极性和热情。

4.4 本章小结

小型水利设施的供给对保障农业有效灌溉用水起到先导作用。尽管中央通过出台一系列政策加大小型水利设施建设，但小型水利设施的供给仍然难以与现有农户需求良好衔接。小型水利设施的公共产品性质决定了要由政府投资，但农户作为小型水利设施主要的消费者和受益者，也需要积极参与到小型水利设施建设中。拓宽小型水利设施建设的融资渠道，将水利设施使用者农户联合供给成为一种有效的方式。农户间合作供给既需要核心农户将拥有共同目标的农户组织到一起，又需要在组织过程中就农户的需求进行统一的协商，最终还有对组织后水利设施的运行进行监管，确保水利设施的高效率运转。现实存在的问题是在面对小型水利设施合作供给的过程中，难以选择具备组织能力的精英农户，在组织实施的过程中，从农户需求角度将利益进行整合和协调；同时，组织在运行的过程中，存在着高额的监督成本，难以持久维护，农户参与的积极性不高。

第5章
社会资本对小型水利设施合作供给形成的影响分析

农户合作供给是社区内拥有共同目标的个体通过自发组织以实现小型水利设施供给的过程。小型水利设施具有公益性质，且在个体理性优于集体理性的农村社区农户对小型水利设施的需求呈现差异性，社区环境对合作缺少相应的物质激励，因此，如何实现集体行动的发起和初步组织是必须要回答的问题。其合作能否实现取决于个体间相互协调和组织的结果，因此，合作组织发起阶段的角色形成就显得尤其重要。社会资本作为非物质激励为实现农户合作的发起提供了可能。本章基于社会资本视角，通过博弈模型模拟现实中个体间的策略选择和互动过程来分析集体行动的初步发起和组织工作，并用实证分析了农户合作意愿的影响因素，试图回答合作发起阶段的角色实现条件和核心农户特征，探讨社会资本对合作形成的影响机理。

5.1 合作供给均衡条件

小型水利设施是田间地头的基础设施，对保障粮食安全和农业生产有重要作用。现有水利设施短缺，难以满足农户的日常用水需求，严重影响到了农业生产和安全。而农户的合作供给是一种将农户自身需求和意愿链接起来，缓解供给短缺压力的有效方式。在理性经济人假设的前提下，农户的行为选择实际上就是根据成本和收益的权衡做出决策的过程。农户可以根据利益权衡结构自由选择是否加入和退出。小型水利设施的合作属于集体行为问题，而集体行动供给过程中容易出现"搭便车"现象。因此，有必要寻找一个委托代理人来对农户合作行为进行激励，委托他作为合作供给组织的发起者，维护农户间的合作。张驰等（2013）提出突破现有公共物品博弈分析参与者投入均质化假设的局限，从差异性网络角度构建公共物品博弈模型，是一种有效的探索。社会资本作为表征农户异质性的重要变量，理应被考虑进去。同时，社会资本存量高的农户在公共物品治理中起到中心契约人的作用。因此，通过人为设计小型水利设施合作供给制度，诱导农户进行自发合作供给是保障小型水利设施的有效途径。

学者们利用博弈方法对合作行为进行阐释。青木昌彦（2001）通过对村庄的灌溉系统中搭便车问题的分析发现多个主体博弈有利于放宽激励约束条件。博弈过程涉及到两个人或者更多行为人的决策，尤其是在随大流和跟风情况严重的中国农村，农户的行为选择更是受到了其他农户的影响，即农户在进行小型水利设施的合作时，既要受到自身理性——成本和收益最大化的影响，又要受到其他周边农户是否合作行为的影响，同时还会受到社区风俗习惯等的影响。实际上，行为决策本质上也是一种博弈。董磊明（2004）指出当前农户合作困境主要有四个原因：缺少组织整合、农民很难支付合作的成本、缺少精英农户、合作组织内的规范不足。贺雪峰（2004）认为农民合作可以利用农户自发合作，创造一定的外部环境和关联关系构建合作组织，使得农户合作成为现实。黄珺等（2005）阐述了造成农户合作困境的根本原因是集体利益和个人利益的矛盾、信息不对称和机会主义，构建重复博弈机制以及信任资本，从选择性激励约束农户合作行为是突破该困境的可靠途径。但现有研究忽视了公共物品提供中农民合作行为选择，较少从博弈均衡分析的途径进行研究，也较少分析在合作供给发起阶段农户合作不同角色的形成机制及其社会资本比较。

小型水利设施的供给的数量和质量会受到微观农户合作决策行为的影响，其能否合作主要取决于不同农户间的博弈过程。由于博弈改变了农户的效用函数，最终对集体行动产生影响。在此背景下，基于博弈分析的视角构建农户博弈分析框架,回答农户合作究竟如何形成，不同角色形成的均衡条件，比较核心农户的特征，阐释社会资本对合作形成的作用机理。

5.1.1　农户合作博弈

农民做出是否参与小型水利设施建设的选择，主要是以个体理性为基础，个体追求自身利益最大化，忽视集体利益，造成集体和个体的冲突和矛盾，使得农户陷入难以合作的窘境。

博弈过程中,农户在合作中可以采取的选择行为我们称之为策略,假设在小型水利设施合作供给中主要有合作和不合作两种策略。在多个农户博弈中，全部农户的策略集合到一起，我们称之为策略组合，在不同的策略组合条件下，农户获得的最终收益有所差异。受到传统的小农经济思想的影响,农户行为选择的原则就是自身利益的最大化，即是在比较成本和收益的基础上，做出理性决策的过程。假设有 AB 两个农户，他们都有两个选择：合作和不合作。如果 A 和 B 都选择合作，那么分别得到的收益为 3，如果一个人合作另外一个人个不合作，则合作农户虽能享受收益，但因被搭便车而遭受损失，故收益为 1，非合作农户因搭便车获得收益为得到的收益为 2，两个人都不合作则农户无法享受到小型水利设施带来的利益，故收益都为 0，则最终形成的博弈矩阵如表 5-1。

表 5-1　农户合作与否收益矩阵

农户 A	农户 B	
	合作	不合作
合作	（3,3）	（1,2）
不合作	（2,1）	（0,0）

当农户 A 选择合作时，农户 B 在完全不知情的前提下可以选择合作也可以选择不合作。在重复多次博弈后，农户最终选择{不合作，不合作}作为博弈均衡结果。这是因为尽管合作能够创造共赢，但是在现实生活中，农户都是从私人理性角度出发，追求短期的收益最大化，理性决策未能产生帕累托改进的激励，最终造成了合作难以形成，导致集体行动困境，难以缓解小型水利设施供给不足的状况。同时，农户多而分散、组织性差、缺乏"有选择性激励"动力机制，增加合作组织构建的成本，制约合作行为。因此，需要引入外界变量，构建有效的激励机制使得农民由非合作逐渐转向合作，降低合作成本，在保证自身利益的同时也能够达到小型水利设施可持续发展的目的。

5.1.2 社会资本情景下的博弈分析

组织合作是发起者和参与者在外界环境的约束条件下进行博弈的过程。本书参考李玉连《基于异质性的共享资源治理过程研究》的研究思路，将合作组织形成行为简化成三个农户的博弈模型，在发起者行为进行博弈的动态过程，通过分析动态博弈探究在社会资本演变过程中，农户如何做出最优选择，在探讨不同目标函数条件下，不同组织角色形成的博弈均衡条件。

（1）假设条件：

①社区环境内只有三个农户即农户 1、农户 2 和农户 3，三个参与农户的收入水平分别为 r_1, r_2, r_3。

②假定三个农户间可以自发形成合作供给小型水利设施，并对其进行分享。假定每个农户投入的水平相同为 f，F 是投入总和，即小型水利设施的灌溉服务资源。当农户选择不合作时，即产生了"搭便车"行为。假定在农村社区只存在两种物品的服务即小型水利设施的灌溉服务和其他私人消费品的服务 x_i，其价格分别是 p_f、p_x，假定私人物品与公共产品间是替代关系，则 $r_i = x_i + f_i$，s_i 表示农户的社会资本

偏好，则农户的效用函数为 $U(u_i) = U_i(x_i, F) = x_i^{s_i} F^{1-s_i}$ [①]。

③假定小型水利设施的合作供给形成需要一定的组织成本 c，即寻找有共同利益目标的农户、信息的收集、协商和契约的达成等成本。这些成本会随着农户的社会资本的大小而有所差异，社会资本从一定程度上可以降低合作中的组织成本。即考虑社会资本参与后的组织成本为 $c(s_i)$，且组织资本与社会资本成反比，即 $\dfrac{\partial^2 c}{\partial^2 (s_i)} < 0$。组织成本由参与者共同承担。

（2）博弈策略：

每个农户面临的策略集合为{（发起，参与）（不发起，参与）（发起，不参与）（不发起，不参与）}

（3）规则及支付函数：

根据理性经济人假设，农户在进行策略选择时的基本依据是效用最大化，即

$$\max U = \max U_i(x_i, \mathrm{F})$$
$$s.t. \sum \mathrm{p}_f f + p_x * x + c(s_i) \leqslant r_i \qquad （1）$$

当三个农户都选择（不发起，不参与）时，小型水利设施的合作根本就无法实现，农户难以共享小型水利设施的灌溉功能，也不存在合作形成时的组织成本，此时三个农户的效用只有最初的资源禀赋有关系，最终效用函数为：

$$\mathrm{U}_i(r_i, \mathrm{F}) = \mathrm{U}_i(r_i, 0) \qquad （2）$$

如果农户 1 进行组织，其他两个农户选择参与时，个体 1 的收益是：

$$U_i(r_i, F) = U_i(r_i - f, 3f) - \mathrm{c}(s_i) \qquad （3）$$

此时，农户 2 和 3 的收益相同，具体函数为：

$$U_i(r_i, F) = U_i(r_i - f, 3f) - \mathrm{c}(s_i) \qquad （4）$$

如果农户 1 进行组织，其中农户 2 选择参与，农户 3 选择不参与，

---

① 参考宋研《农村合作组织与公共水资源供给——异质性视角下的社群集体行动问题》论文中的表述，将效用函数定义为典型的柯布道格拉斯函数。

则农户 1 收益是:

$$U_i(r_i, F) = U_i(r_i - f, 2f) - c(s_i) \qquad (5)$$

此时，农户 2 的效用函数为:

$$U_i(r_i, F) = U_i(r_i - f, 2f) - c(s_i) \qquad (6)$$

农户 3 的效用函数为:

$$U_i(r_i, F) = U_i(r_i, 2f) \qquad (7)$$

如果农户 1 进行组织，农户 2 和农户 3 选择不参与，则农户 1 的收益是:

$$U_i(r_i, F) = U_i(r_i - f, f) - c(s_i) \qquad (8)$$

此时，农户 2 和 3 的效用函数相同，都是:

$$U_i(r_i, F) = U_i(r_i, f) \qquad (9)$$

在不知道其他人的行为选择的情况下，农户 i 要组织小型水利设施的合作必须要满足式（3）>式（2），农户 i 要参与则必须满足式（6）>式（2），如果式（9）>式（2），则农户会选择搭便车。

当农户合作达成后，农户的合作过程有一定的差异，对于不同的组织角色，合作的程度是不一样的。组织者会选择高度合作，而参与者的合作态度即是中度合作，而搭便车者则是不合作。农户自发合作拥有更多的退出权和控制权，在合作的过程中，由于农户的成本收益预期或者是需求协调融合的差别可以自由选择退出（崔宝玉等，2008）。因此，需要某种外界的激励使得农户合作得以完成。社会资本为农户合作形成提供了可靠的参考思路。

5.1.3 社会资本对合作供给形成的影响

人都有自私自利的一面，都希望通过"搭便车"来获得最大的利益，需要靠着内在激励约束促进农户合作。因此，要想维持合作，需要一种制度安排或者是制约机制来遏制非合作的产生。黄珺等（2005）提出在农户重复博弈过程中能够积累"声誉效应"，避免"搭便车"。

社会资本作为一种有效的非正式制度约束，成为内在的规则约束，通过资源控制，增加其外部性，产生信任和声望，增强自治能力和水平，能够改变农户的支付函数和利益函数，可以有效降低交易成本和减少投机，最终影响农户的合作行为选择结果，促使组织内部资源的更合理运用，避免因个人理性而导致的"公共地悲剧"。

当面临着灌溉用水困难，影响到自身正常农业生产时，部分农户开始有了进行水利设施建设的动机，但是由于水利设施的建设需要大量的资金投入，使得部分农户犹豫不决。调查发现，资金的投入量与当地的情况和水利设施的类型有关；当问及水利设施的投入金额时，有的仅有 5000 块钱，而有的甚至超过了 10 万元，如此庞大的数额远远超出了农户的个人收入，只有通过合作的方式才能够实现小型水利设施的供给。在小型水利设施的合作建设发起阶段，有合作动机的农户利用社会网络等手段放出自己想和其他农户合作建设小型水利设施的消息，并通过网络中的农户进行传播，经过一段时间后，也有相同合作意愿的农户会找到该农户，衡量对其的信任程度、在村中的声望水平和村中的积极程度，最终做出是否愿意合作的决定，也就是合作最终形成的过程。

社会资本的四个维度对合作的形成起着关键作用。社会网络能够使得组织和成员利用网络进行互利性合作，减少矛盾，促成交易的实现，即在有共同想改进灌溉服务想法的农户的社会网络中，他们都是为了一致的利益目标而进行小型水利设施建设，这就集中了分散农户的关注点，有利于减少在合作形成过程中关于水利设施如何建设，建设何种水利设施，建在哪里等问题的矛盾和分歧，降低了在此过程中的重复博弈风险；社会信任和声望能够形成符合传统道德观和价值观的约束和规范，降低了投机风险和不确定性，促成农户的合作。在水利设施建设合作过程中，一方面是参与农户对合作组织者的信任和权威关系的崇拜，这种信任消除了农户对合作无法实现的担忧，另一方面是农户彼此间形成的信任和在村中的声望，减少了农户在寻找合作伙伴过程中的搜寻成本和协商成本，缩短了合作形成的时间，提高了合作效率；社会参与强化了农户自主表达权利的意愿，对合作形成有正向激励作用，小型水利设施的供给本身就是一种公共事务，而参与程度高的农户由于长期的归属感和社区认同感而会选择以积极的态度来应对小型水利设施合作问题。

农民合作组织形成过程是一种重复博弈的过程，社会资本这种非正式的制度约束在博弈均衡中起到了良好作用。因此，可以培育和利用村民的社会网络、信任、声望与参与，在多次博弈中寻找共同利益的均衡点，识别组织角色，创造组织发起实现条件，最终促成农户间的自发合作。

5.2 核心农户特征

合作的形成包括由谁组织和如何组织的过程。而由谁组织的核心就是确定组织者角色发挥相应职能，即由核心农户发起号召，和有共同想法的农户交流、协商，最终达成合作意愿。在小型水利设施合作供给过程中，有合作意愿的农户发起，发起者一般是在村中占有一定的社会地位或者是关系网络的精英农户。但究竟核心农户有何种特征，在社会资本上与其他农户存在哪些差异，是识别农户组织核心农户的重要前提。

5.2.1 合作供给形成中核心农户的特征

合作角色的识别是合作发起的前提，而拥有大量社会资本的精英农户可以成为组织发起的主要角色。根据村级调查访问，我们发现核心农户具备以下几个方面的特征。

5.2.1.1 强合作意愿和需求

强合作意愿和需求是发起合作的前提和基础。调查表明，核心农户之所以发出合作的号召，将有共同想法的人组织到一起，主要是由于他们对小型水利设施的建设十分关心，有着强烈的改善现状、完善用水设施的需求。同时，由于他们个人难以承担高额的成本，在强烈需求驱使下合作意愿更为迫切。

5.2.1.2　较高的社会威望和凝聚力

精英农户是那些为大家广泛认识和认可，具有很好的人际关系和很强的道德感，拥有较高的社会资本的农户。他们利用自己拥有的社会资本互通信息，将有共同合作意愿的农户连接起来。由于他们在村中的社会资本较高，通过长期建立起较高的威信和声望，能够降低合作带来的风险和不确定性，农户愿意合作。由于农户具有异质性特征，难以将所有农户的需求统一起来。此时，发起者要充分扮好自己的角色，对异质性需求的农户进行协调，用集体利益高于个人利益的思想进行激励，利用自己的威望为合作的农户树立信心，激发农户进一步合作的热情。

5.2.1.3　较强的资源控制能力和信息搜集能力

核心农户要发起合作，一定是将有合作意愿的农户能够较好地集结在一起，而这需要核心农户具有较强的信息搜集能力，能够将有合作意愿的农户识别出来。并且，在水利设施的建设过程中，尽管核心农户并非全部拥有较强经济实力，但是有较强资源控制能力，可以有效地将自己的资源和合作成员内的资源动员起来，降低合作成本和阻力。

5.2.1.4　强公益心

核心农户具有普遍的从事公益事业的热情。在日益分化和人情淡漠的中国农村，单纯地依靠利益驱使也很难将不同需求农户融合到一起。这就需要发起合作的农户能够具有很强的从事公益的热情，因为合作可能面临着失败或者是受阻等各种风险，如果缺乏从事公益，为农户办点事的热情的话，很有可能在碰到一些合作的挫折就退出合作，使得合作难以为继。

调查中，核心农户主要是那些具有一定的经济实力和种植规模、长期关注农村生产发展、有强烈的社会责任感和广泛的人际关系的人。他们能够充分利用自己手中的资源和凭借自身的能力将不同需求农户融合到一起，实现合作组织的发起。

5.2.2 不同角色主体的社会资本特征比较

根据组织成员角色的不同，本书将组织成员分为组织者、跟随者和搭便车者，重点考察农户核心组织的社会资本与其他组织角色差异。在调查问卷中设计"您是否参与组织小型水利设施建设合作？您是否跟随别人参与小型水利设施建设合作？您是否直接不用交费使用小型水利设施"三个问题来考察组织成员角色。

表 5-2   不同角色主体的社会资本及其维度的统计

	社会网络	社会信任	社会声望	社会参与	社会资本
组织者	4.15	3.88	3.67	3.32	3.79
跟随者	3.70	3.54	3.24	2.11	3.19
搭便车者	3.60	3.40	3.16	2.25	3.14
平均值	3.82	3.61	3.36	2.56	3.37

由表 5-2 可知，从不同主体角色的社会资本指数看，组织者社会资本的得分最高，表明组织者拥有较高的社会资本，具有较强的资源动员能力，能够利用自己的资源和资本将农户连接起来，实现农户间的合作，这也是符合常理的。社会资本的整合可以让精英农户获得更多的市场信息，依靠自己的政治、经济和社会优势和号召力及凝聚力，促进合作的组织形成。跟随者的社会资本处于居中地位，搭便车的社会资本是最低的。从社会资本的不同结构看，组织者的社会资本结构中，组织者的社会网络得分是最高的，其次是社会信任、社会声望、社会参与；跟随者和搭便车的社会结构的得分也都是遵循社会网络、社会信任、社会声望和社会参与由高到低的顺序。调查数据表明，组织者的社会网络能力是最强的。他们通过利用自己的网络关系寻找具有共同目标农户，然后将他们连接起来，实现小型水利设施的

合作供给。

核心农户能够通过社会资本对合作发起进行一系列的宣传、协商，最终对如何进行成本分担、收益分配等问题达成共识。两人"合作"的收益一般具有外部性，产生示范效应，同时，还有可能降低交易成本，这会诱导第三人和更多的人参加，逐渐形成农户的合作组织。

5.3　社会资本对农户小型水利设施合作意愿影响的实证分析

日益减少的水资源和年久老化的水利设施薄弱是我国农村经济发展的突出问题。小型水利设施是农户基础灌溉设施，对农户顺利进行农业生产、保障粮食安全起到十分重要的作用。调查显示，现有小型水利设施很多是 20 世纪 50—70 年代村集体遗留下来的，现因年久失修，设备老化，导致小型农田水利设施的供给处于饥渴状态。在设施建设边际成本增高的现实情况下，政府的财力受限，重点进行大型水利工程的建设，而对小型水利设施的投资不足。从供给主体视角，坚持农民主体，利用声望等非正式手段激励农户自发合作成为可靠途径（符加林等，2007）。同时，农户自发合作共同建设小型水利设施，增加了农户的参与意识与自治能力，较大程度地避免"搭便车"现象，缓解灌溉用水压力。实际调查发现，现有小型水利设施的农户自发合作动力不足，尤其是在自私自利心理驱使下，农户通过人情网络能搭便车就搭便车，存在着"别人不合作，我也不合作"的投机心理，导致合作供给难以形成。此外，即使有一些村农户有合作的意愿，但是难以找到合适的中介组织进行合作，致使合作供给无法正常实现，合作供给的效率低下。

农村社区小型水利设施的合作供给过程是众多农户相互协调和选择的决策行为的结果。"政治地位、社会声望以及其他类似因素是提升精英分子承担创建集体性规则成本的真正动机"（Gaspart et al., 2007）。

本部分将社会资本作为表征农户的重要变量，假设其对合作供给行为选择产生影响，通过对农户调查资料进行 Logistic 分析，探索社会资本对农村社区小型水利设施合作意愿的影响机制，以期为构建农村社区小型水利设施合作供给发起机制提供实证依据。

5.3.1 研究的样本数据、方法与变量说明

5.3.1.1 数据来源与说明

本数据来源于课题组的实地问卷调查。调查主要涉及农户对小型水利设施的合作行为、社会资本等内容。样本的基本特征为：以男性为主，男女分布较为均匀；以壮年为主，大体成正态均匀分布，他们长期生活在农村，对小型水利设施的组织和管理有着深刻的体会，更能真实地反应实际情况；以普通农户为主，调查的数据更为真实有效；81.42%的农户主要以农业生产为主，兼业化程度不高；绝大部分农户还是属于保守的，不太喜欢和参与风险大的投资或事务；42.9%的农户处于初中文化，仅有 3.15%的农户接受了高中以上的文化教育；样本家庭从事农业生产的规模集中于 2 人及以下，生产规模不太大；灌溉面积在 0.267 公顷及以下，绝大部分农户都属于小农经营；家庭农业收入较低，51.7%的农户处在 5000 元及以下的收入水平，只有 2.25%的农户收入在 25000 元及以上。

5.3.1.2 研究方法与变量说明

（1）研究方法

本书尝试采用研究二分类变量常用的方法 Logistic 回归模型来考察社会资本及其不同维度对农户合作意愿的影响。

设定当农户愿意合作时取"1"，农户不愿意合作时取"0"，P_i 表示愿意合作的农户在总农户中所占的比例，对机会比率（Odds Ratio）$\dfrac{P_i}{1-P_i}$ 取对数得 $\ln\dfrac{P_i}{1-P_i}$ 记为 $Logit_i$，具体的函数模型如下所示：

$$\text{Logit}_i = \ln \frac{P_i}{1 - P_i} = \alpha + \sum_{i=1}^{m} \beta_i X_i + \gamma_i Z_i$$

式中，α 是常数项；X_i 是第 i 个农户合作意愿的影响因素，是除社会资本以外的控制变量的集合；Z_i 表示社会资本因素，Y_i 表示社会资本因素对农户合作意愿的影响强度；β_i 是 Logistic 回归模型的偏回归系数，表示第 i 个影响因素对农户合作意愿的影响程度。

（2）变量说明

农户行为选择的过程被认为是在自身资源禀赋约束条件下做出理性选择的结果，最终农户选择的目的是自身利益最大化。农民合作或者单打独干，主要取决于不同方式成本和效益对比。农村小型水利设施具有"俱乐部产品"的性质，存在搭便车的问题。调查样本中，30%农户存在偷水现象，村中偷水现象较为严重，61.83%的农户偶尔会遇到用水纠纷。部分农户在看到其他人也没有合作而使用小型水利设施的情景下，自己也愿意采取投机行为，缺乏参与到小型水利设施建设中的热情，同时，单个的小型水利设施的投资金额较高，尤其是在地形条件并不是十分良好的地区，仅靠单个农户难以承担小型水利设施带来的极高的成本，这两类原因最终造成农户私人供给意愿微弱。中国农村社区具有典型的地缘性和亲缘性，即农户居住较为相近，农户间亲戚关系往来密切，加之，农村人的"人情面子"和"随波逐流"的心理，形成农户行为容易受到外界环境的影响，尤其是人情环境的影响。这种人情面子等从理论上来说，就是社会资本的主要表现形式。因此，农户在做出是否参与小型水利设施供给合作决策时，社会资本成为影响农户参与合作供给意愿的重要因素。本书将农户社会资本作为重要变量引入农户决策方程，重点考察不同维度社会资本对农户合作意愿的影响机理。

在对相关研究成果梳理和现有调查问卷分析的基础上，参考马林静（2009），贺雪峰、郭亮（2010），朱红根等（2010），刘辉、陈思羽（2012）的文献，将影响农村小型水利设施合作供给意愿因素划分为三类：

① 农户特征变量。主要从户主年龄、受教育程度、农户收入、农

业劳动力人口等方面考察。一般来说，被调查的户主一般是农业劳动的主要从事者，户主年龄越大，对小型水利设施的依赖性越强，越愿意参与小型水利设施的合作。教育具有学习溢出效应，农户受教育程度越高，视野越开阔，越能够理解合作的重要性，越愿意参与小型水利设施供给的合作。农户收入越高，经济条件好，越倾向于参与农户小型水利设施的合作供给。农业劳动力人口比率越大，家庭农业劳动力人数越多，农户参与意愿越强。农户对合作建设小型水利设施偏好越明显，越愿意参与农户间的合作。

② 种植特征变量。主要用灌溉面积来衡量。以经验来看，灌溉面积越大，说明种植带来的收入总量越多，表明理性农户对农业种植的偏好较高，因小型水利设施对保障农户种植质量有很重要的作用，农户为了稳定产量、增加收入，越愿意参与小型水利设施的合作供给。

③ 社会资本变量。主要从社会网络、社会信任、社会声望和社会参与四个维度表征农户的社会资本。社会网络表明的是资源的动用和控制能力，社会网络越高，农户的人缘越好，掌握资源的能力越强，获取信息的渠道越宽，越具有开放型精神，越愿意参与合作。社会信任主要从农户对其他人的信任程度考察，农户对其他人的信任程度越高，越倾向于与人合作，参与意愿越强。信任是农户合作的基础（贾先文，2010；涂晓芳、汪双凤，2008）。社会声望主要通过受人尊重程度来衡量，受人尊重程度越高，控制和协调资源的能力越强，越愿意参与合作。社会参与利用对村集体事务的参与程度表征，一般对村集体事务参与的热情越高、越频繁，越有自主参与公共物品建设的能力和意识，民主意识越强，合作参与小型水利设施供给的意愿越强。

④ 用水环境变量。用对小型水利设施的满意度、农村社区有无偷水现象和用水纠纷作为考察变量。对小型水利设施的供给越满意，越满足于现有小型水利设施的供应，越不愿意参与合作，对合作意愿有负向影响。有偷水现象，说明大部分农户有着"搭便车"的心态，不愿意参与合作供给，对农户合作意愿有负向预期。当地用水纠纷越频

繁，说明农户利益冲突越大，利益协调的交易成本越高，越不利于达
成合作意向。

变量解释及其对决策行为的影响假设具体如表 5-3 所示。

表 5-3　变量解释及其对决策行为的影响假设

变量名称	变量定义	预计方向
农户基本特征		
户主年龄	18～30 岁=1　31～40 岁=2　41～50 岁=3 51～60 岁=4 61～70 岁=5　71 岁及以上=6	+
受教育程度	按照实际统计数据计算	+
农户收入	按农户实际收入计算（元）	+
农业劳动力人口	按农业劳动力人口数计算	+
种植特征		
灌溉面积	按实际灌溉面积计算	+
社会资本特征		
社会网络	根据实际指数计算	+
社会信任	根据实际指数计算	+
社会声望	根据实际指数计算	+
社会参与	根据实际指数计算	+
用水环境		
水利设施 满意度	非常不满意=1 比较不满意=2 一般=3 比较满意=4　非常满意=5	-
是否偷水	有=1；没有=0	-
用水纠纷	经常=1 一般=2 偶尔=3 从不=4	-

注："+"代表显著正相关；"-"代表显著负相关。

5.3.2　实证结果分析

运用 STATA12.0 软件对样本进行 Logistic 回归分析农户合作意愿
的影响因素。主要采用最大似然迭代法，列出了最终纳入全部变量的
模型估计结果，如表 5-4 所示。

表 5-4 模型估计结果

解释变量	模型一 系数	模型二 系数
常数项	−3.01***	−3.69
户主年龄	0.23***	0.15*
受教育程度	−0.06	−0.02
农户收入	0.035	0.03
农业劳动力人口	0.2***	0.19***
灌溉面积	0.075***	0.068***
社会资本	0.511***	
社会网络		0.22**
社会信任		0.095
社会声望		0.05
社会参与		0.29***
水利设施满意度	−0.09	−0.08
是否偷水	−0.32*	−0.4**
用水纠纷	−0.15**	−0.16**
LR 统计值	53.63	62.62
伪 R²	0.0455	0.0531

注："*"，"**"，"***"表示统计检验处于 10%、5% 和 1% 显著性水平。

模型一是包含社会资本指标的统计模型。模型二是将社会资本分解成社会网络、社会信任、社会声望、社会参与的统计模型。统计指标数值表明模型的估计结果是可以接受的。估计结果分析如下：

（1）农户特征对合作意愿的影响

总体模型中，农户年龄通过了 1% 的显著性检验，方向为正，与预期分析一致，表明农户年龄越大，合作意愿就越强。这是由于年龄大的农户对水利设施形成了长久依赖，愿意合作参与供给水利设施。农业劳动力人口处于 1% 的显著性正向水平，表明农业劳动力越多，合作意愿就越强烈。可能是由于劳动力多的农户体会到了"众人拾柴火焰高"的气势和效果，愿意参与到小型水利设施供给的合作中来。农户的受教育程度未通过显著性检验，与假设不一致，表明受教育程度对农户合作意愿的影响不大。

（2）种植特征对合作意愿的影响

农户的灌溉面积通过了1%的显著性检验，且符号为正，与预期分析一致。表明农户灌溉面积越大，对小型水利设施的依赖性就越强，同时，灌溉得到的收益越多，若不参与灌溉，造成的损失会增加，所以理性农户越愿意参与小型水利设施的合作。

（3）社会资本特征对合作意愿的影响

总体模型的社会资本通过了1%的显著性检验，结果显示社会资本对农户参与小型水利设施合作供给意愿具有重要的影响，但不同维度社会资本的影响差异较大，其中社会网络、社会参与通过了显著性检验，而社会信任、社会声望未通过显著性检验。

社会网络通过了5%的显著性检验且符号为正，表明社会交往的规模越大，农户越倾向于参与小型水利设施的合作。社会网络主要用网络密度、网络差异等衡量，被调查农户的社会网络得分越高，说明农户的社会交往中人缘越好，很多人都愿意和他交流和分享信息，农户的信息获取能力越强，视野越开阔，越有开放和共享的意识，越愿意参与合作。此外，社会网络还表明农户在场域中的位置和资源，社会网络越大，表明农户拥有的资源越多，在网络节点中所处的位置越重要，有利于信息的传递，增强了农户间彼此了解，减少信息的不对称性，动用资源能力强的农户有足够的实力将分散的农户集结在一起，激发农户对合作的参与热情和信念。

社会参与通过 1%的显著性水平检验且符号为正，表明社会参与度越高，农户越愿意合作供给小型水利设施。农户的社会参与程度的表现形式为对村集体事务的态度。社会参与程度是农户参与偏好的现实表征，社会参与程度高的农户，偏好于参与社会事务。在调查中我们发现，村中的集体事务主要是围绕公共产品的供给问题展开。农户参与偏好不同程度地反映了农户的自治性和民主性，偏好强的农户也具有较强的自治性，自主管理意识先进，合作意愿强烈。

（4）用水环境变量对合作意愿的影响

模型二中，农户是否偷水通过5%显著性检验，且符号为负，与预期一致。偷水现象表明农户的"搭便车"心理，不愿意参与到任何合作中去。在现实生活中，部分农户存在着"别人能投机我也要投机，不然自己就吃亏了"的心理，无偿使用灌溉设施，且满足于现有灌溉方式，而不愿意投入。是否有用水纠纷通过了5%的显著性水平，且符号为负，与预期一致，表明农户用水纠纷越频繁，农户间的利益越不好协调，农户的合作意愿越弱。用水纠纷本质上农户水权分配的利益协调难以明确，这种产权模糊的分配机制，容易造成农户"建与不建一个样，用谁的都一样，别人能用我也要用"的观念，不愿意参与小型水利设施建设的合作。水利设施的满意度未通过显著性检验，表明农户对水利设施是否满意对合作供给影响不大。

5.3.3 结论

实证结果表明，农户小型水利设施合作供给意愿受多种因素的影响，其中，社会资本对小型水利设施合作意愿有积极作用。在社会资本的不同维度中，社会网络、社会参与均对小型水利设施合作供给有显著的正向影响。同时，小型水利设施是一种公共产品，还受到用水环境因素的影响，尤其是是否存在偷水现象和用水纠纷对小型水利设施的合作意愿有显著的负向影响。此外，年龄、农业劳动力人口、灌溉面积也对小型水利设施的合作供给有显著的正向影响。

5.4 本章小结

公共物品供给不足单凭个人力量难以得到解决，而通过国家或政府的调节也难以实现。农户合作供给是缓解小型水利设施供给不足的一种有效的途径，尤其是在具有亲缘性和地缘性的农村社区，农户间如何依靠自身的关系网络等形式的社会资本实现合作是小型水利设施供给亟待解答的问题。基于社会资本视角分析合作供给问题能够得到更好的解释。本部分主要构建博弈模型分析水利设施合作供给发起时组织者和参与者的均衡条件，比较核心农户特征，并对社会资本对合作意愿的影响进行实证分析。分析表明，社会资本能够改变农户博弈的效用函数，破解集体行动困境。组织发起的核心农户在社会资本存量上具有一定优势。实证分析进一步验证了农户的社会资本是影响小型水利设施农户合作意愿的关键变量，社会网络、社会参与对农户合作意愿有显著的正向影响，社会信任、社会声望对合作行为影响不大。

第6章

社会资本对小型水利设施合作实施的影响分析

　　小型水利设施的合作供给实际上是由某个农户发起，然后借由一定的规则或者制度组织起来，最终共同完成小型水利设施的建设活动的过程。角色的识别只是发起阶段的开始，而如何通过规则和制度安排实施农户合作契约，维护农户合作行为是深入研究的难点。因为尽管有着合作意向的农户愿意参与小型水利设施的建设，但是在具体的实行过程中，仍然会面临需求难以协调、"搭便车""投机"等问题，最终致使合作失败。要想维持农户的长久合作，需要构建合理的成本分摊方案和正向的激励机制。本章重点讨论社会资本对小型水利设施农户合作实施的影响机理，试图制定科学合理、满足农户需求的成本分担方案，通过有效的非制度安排约束和激励农户持久合作。

6.1　小型水利设施合作实施过程中的社会资本作用

　　小型水利设施的供给对中国原子化农户灌溉用水的正常运行有着重要作用。自税费改革以来，小型水利设施的建设投资费用欠账严重，再加上大多数水利设施是村集体遗留下来的，这部分小型水利设施的产权归村级政府和地方政府共同管理，两者利益的不协调导致很多水利设施无人监管，年久失修，设备严重老化，威胁到农户的用水安全。在农民需求日益增长和水利设施供给薄弱的背景下，水利设施供给仅依靠农村基层政府解决加重了财政负担，同时也降低了供给水平。通过引入市场机制进行小型水利设施建设显得尤其重要。农户是小型水利设施的消费主体，也是最基本的灌溉单元，对小型水利设施的需求有着更深刻的理解。但是水利设施的投资数额较高，单个农户难以完全承担建设小型水利设施的费用，需要农户间联合起来，分担高额的投入成本，实现小型水利设施的供给。

农户合作供给是小型水利设施供给的有效方式。小型水利设施的合作供给过程是在某个特定的范围内，拥有共同合作建设意愿的农户自发组织建设实现共同享用灌溉服务的过程。而合作供给实现的主要路径是：首先，农户有着想改进并享有小型水利设施的共同目标，然后在不同异质性策略互动条件下形成不同的角色，即有某个人率先组织农户合作，发起合作的号召，然后利益相同的农户响应号召，组织者和参与者通过协商、谈判和沟通就如何合作（主要是如何进行成本的分摊和利益的共享的讨价还价过程）达成共识，并以口头协议或者书面契约的方式表现出来；其次，达成协议后，组织农户进行建设，并履行事先安排好的方案，监督农户按照规则或合同办事。

当合作意愿统一时，主要的任务就是依靠达成的口头协议或契约进行成本分摊、利益分享等的监督和管理活动。农户通过相互协商达成一致意见，形成一种契约关系，在协议实施的过程中，面临着如何根据协议对合作成本进行分担，如何分配收益的问题，这是小型水利设施合作供给的重点，也是合作能够持久维续的关键。在协议实施过程中，要本着公平、效率的原则，对农户行为进行合理的监督和激励。在契约的执行过程中，存在投机心理和搭便车心理，还会产生由于权利的专属性导致的寻租行为，即有的农户不愿意在合作中进行投入，或者并没有按照当时规定的参与和投入方式进行合作，只是支付了一小部分，但仍能通过人情关系等方式使用小型水利设施。此时，仅靠

基于社会资本视角的农村社区小型水利设施合作供给研究

严格正规的合约是难以完全的保障合作顺利进行的，需要辅之以非正式制度的约束和激励手段进行协调。在典型的人情面子的农村社会，社会资本作为一种非正式制度约束起到关键的作用。

农户社会资本的四个维度在合作组织实施过程中彼此相互配合，发挥着作用，极大地激励了农户合作行为的持久性，降低了交易的风险和不确定性，使得合作供给农户收益，长久合作得以实现。信任是社会资本必不可少的组成部分，而声望、公民参与、网络能够促进社会信任，使得遵守规范的公民共同体能够解决他们的集体行动问题。中国传统的农村建立在地缘和亲缘的基础上，是一种非正式的人际网络关系，关系内的农户通过长期的沟通、交流编织成了一大张人情关系网，这种非正式的网络关系能够约束农户的行为，并改变农户的效用函数。同时，农户的个人网络资源是有限的，而在当代社会，网络内部不同身份地位的农户占有的资源有所差异，这样异质性资源控制能力下的农户可以通过扩大网络范围，进而获得更强控制资源和动员资源的能力，借助与农户间的频繁交流，实现对合作成员进行监督，通过互通信息，降低了舞弊的可能性。

信任实际上是对其他合作人的一种积极预期，相信其不会对集体行动造成破坏（Dasgupta，2000）。在传统的农村社区，信任是促成农户合作的主要因素（黄珺，2009）。在网络关系的长期交往和沟通中，农户会根据自己的经验和交往者的人格特质、社会地位等对合作成员产生信任，即相信彼此间的合作处于完全自我约束和监督的状态。这种社会信任驱使农户自主遵守协议规定，避免遭受由于不履行诺言而遭到唾弃被边缘化或者是质疑的严厉惩罚，靠信念、价值和内心规范来约束自己的行为，完成成本的合理分担。

声望表现为在村中的互惠和村中地位，是一种信号传递。声望高的农户向其他人传递出可以信任和合作的信号。但是由于投机心理和道德风险的存在，会导致"搭便车"和机会主义行为的产生，进而给农户带来高额的惩罚，严重地影响到农户间的互惠。当农户声望受到质疑时，其他农户不愿意和该农户分享水利设施的功能，农户红白喜事、农忙等的相互关照也会因此受到影响。同时，在重面子和名声的农村社会，农户极其重视自己在其他农户眼中的形象，珍视社会声望给自己带来的长远利益，不愿意因为带上了违约的帽子而受到舆论的非议，影响到自己在村中的社会地位。因此，社会声望能够降低道德风险，成为合作顺利进行的有利支撑。

社会参与具有利益表达、权利诉求和归属认同的三重效用。社会参与的农户能够将自己的需求充分地表达出来，成为自己利益的代言人，使得组织者在合作组织实施的过程中能够清晰把握不同农户需求，调整规则安排以利于保障合作农户的权利，追求自身利益。同时，社会参与有利于增强农户的认同感和归属感，让参与的农户自觉地对其他参与农户是否按规则办事，是否履行了协议进行监督和报告，使得违反契约的农户如果不履行合同的话会因此遭受一定的惩罚和制裁，从而促使合作得以持久有效的进行。

在社会资本形成的社会网络、信任、声望和参与共同作用下，小型水利设施合作实现稳健运行，破解了集体行为困境。

6.2　小型水利设施合作支付行为及其影响因素分析

现实生活中，尽管有"核心农户"进行号召，但是农户间的合作仍然难以形成，存在着"低效率或者是无效率"的制度安排，最核心的问题就是合作成本的分担问题，即农户如何支付水利设施的投入成本。成本分担可以用农户的支付行为来表征。已有的研究关注于农户参与公共产品供给意愿方面的研究，而对于成本分担方式影响农户支付偏好及其支付行为的研究重视不够。如刘力、谭向勇（2006），朱红根（2010），崔宝玉、张忠根（2009）发现农户家庭收入结构、农业劳动力人数、农户的职业、投入成本和风险程度等对农户参与意愿有重要影响。贺雪峰、郭亮（2010）、王昕、陆迁（2012）的研究证实农户社会资本也显著影响小型水利设施合作供给意愿。王格玲、陆迁（2013）还发现，影响农户合作意愿与支付意愿的因素不尽相同，产生了农户合作意愿与支付意愿背离现象。然而，关于成本分担方式对于农村社区小型水利设施合作供给支付意愿作用却鲜有研究。吴士健等（2002）认为公共物品供给的成本分摊的方式是农户行为选择的重要依据；于水（2010）以农户需求为导向，认为小型水利设施合作建设的过程中成本分担方式的选择涉及到公平问题和合作供给的激励问题，影响小型水利设施的有效供给和管理效率；汪前元、李彩云（2004）认为重视农户需求和支付能力是实现公共产品最优供给的前提条件。农户的支付行为实际上是两个过程，先是是否愿意支付小型水利设施的合作成本，然后是愿意为小型水利设施的合作支付多少的行为决策过程。本部分利用实证分析方法，基于社会资本视角，试图回答如何构建合理的成本分担方案，保证小型水利设施合作的顺利进行。

6.2.1　模型说明与变量选择

6.2.1.1　模型说明

有关农户支付意愿及其影响因素的研究中，多数学者选用 Logit 模型。但该模型是对是否愿意支付做出二元选择,在分析农户支付意愿行为多元量化和比较方面具有一定局限性（Hannemann, Loomis 和 Kanninen，1991）。Heckman（1979）较早地注意到样本偏差与人们的自由选择行为联结紧密，并提出通过样本选择模型解决样本选择性偏误问题。本书采用 Heckman 两步法模型研究小型水利设施建设支付行为。有两点理由，一是农户对小型水利设施建设支付行为包括农户支付意愿和支付金额两个方面。问卷调查样本中既包括参与合作支付的农户，也包括一些不参与合作支付的农户，合作供给支付金额能否被观察到，首先取决于农户先前的一个选择过程，即农户是否选择合作支付，然后在有支付意愿的农户基础上观察其支付金额，Heckman 两步法模型可以对两步选择进行有效的估计和模拟。二是农户支付行为研究中，由于研究变量多呈常态分布，即使选择了恰当的抽样方法也无法彻底避免样本偏差。因此，本书首先运用 Heckman 选择模型检验样本是否存在选择性偏误，然后运用 Heckman 两阶段模型对小型水利设施建设农户支付意愿和支付意愿额进行估计，识别影响农村小型水利设施建设农户支付决策行为主要因素。具体模型如下：

（1）Heckman 样本选择性偏差检验模型

假设 y 为被解释变量，X 为所有影响因素的矩阵集合，β 为系数矩阵，模型可以表示为：

$$y = X\beta + \mu_1 \qquad (1)$$

选择方程：设 Z 为自变量向量矩阵，g 为其系数向量矩阵

当 $Zg + \mu_2 > 0$ 时，y 可以被观察到，其中：$\mu_1 \sim (0, \delta)$，$\mu_2 \sim (0, 1)$，

$corr(\mu_1, \mu_2) = \rho$

结果方程：$y = X\beta + \lambda\alpha + \mu$ \qquad (2)

其中，λ 称为逆 Mills 比，具体公式为：

$\lambda = \dfrac{\varphi(-Zg / \sigma_0)}{\Phi(Zg / \sigma_0)}$，$\phi$ 和 Φ 分别表示标准正态分布的密度函数和分布函数。用 Probit 方法估计 g 和 σ_0，然后代入公式（2）进行估计，运用 Heckman 两步法模型进行样本选择性偏差检验，可通过逆 mills 比（λ）估计值的显著性判断是否存在样本选择性偏差问题。如果逆 mills 比估计值的 P 值是显著的，则存在样本选择性偏差；如果逆 mills 比的估计值 P 值不显著，则不存在样本选择性偏误（曹乾、杜雯雯，2010）。

（2）支付意愿决策模型

农户参与小型水利设施建设的支付意愿有两种情况：愿意支付和不愿意支付，属于二分类选择变量，可以用 probit 模型进行估计，公式如下：

$$P(y = 1 \mid X) = G(\beta_0 + \beta_i X) \qquad (3)$$

式（3）中，因变量 y 为农户的支付意愿，如果选择支付，则因变量取值为"1"，不愿意支付则为"0"。β_0 为常数项，X 为自变量，是包括多个因素的解释变量，β_i 是第 i 个解释变量变化对 y 的影响程度。农户愿意支付的概率 P 是解释变量 X 的一个线性函数，被称为响应概

率。为保证 P 处于 0～1 之间，引入取值范围严格处于 0～1 之间的 G，G（*）是标准正态累积分布函数。

（3）支付金额决策模型

Tobit 模型主要用来估计受限因变量，因农户的支付金额数据为连续变量，且有一部分数据为 0，可以用 Tobit 模型进行估计。具体模型如下：

$$y_i^* = \beta_0 + \beta_i X + \mu \qquad (4)$$

其中，因变量 y 为农户的支付金额，β_0 为常数项，X 为自变量，是包括多个因素的解释变量，β_i 是第 i 个解释变量变化对 y 的影响程度，μ 为随机干扰项。且 $y_i = \begin{cases} 0 & if\, y_i^* \leqslant 0 \\ y_i^* & if\, y_i^* > 0 \end{cases}$，其对应的似然函数为：

$$l_i(\beta, \sigma_\mu) = I(y_i = 0)In\{1 - \varphi(\frac{X_i}{\sigma_\mu}\beta)\} + $$
$$I(y_i > 0)\{In\varphi(\frac{y_i - X_i\beta}{\sigma_\mu}) - \frac{1}{2}In(\frac{\sigma_\mu^2}{\mu})\} \qquad (5)$$

6.2.1.2　变量选择

农户合作经济行为是在微观环境和宏观环境综合约束下的策略选择。农户对小型水利设施建设的支付行为受到内外环境因素的影响。本书通过梳理和参考相关的文献（孔祥智、涂圣伟，2006；崔宝玉、张忠根，2009；刘辉、陈思羽，2012；王昕、陆迁，2012），从农户个体特征、家庭特征、种植特征、社会资本、制度和社区环境等方面选择变量，考察影响农户对小型水利设施建设的支付意愿和支付金额的主要因素。选择的主要变量为如下所述。

（1）农户个体特征。农户进行行为决策是在特定的资源禀赋约束下进行的。根据相关文献，拣选年龄、职务、受教育程度、农户收入作为表征农户个体特征的变量。年龄大的农户对水利设施的依赖性越强，在支付行为中会有积极表现。职务高低决定了资源动用能力的高低，职务越高，资源动用能力越强，其支付行为可能会被弱化。受教育程度高的农户，具有开放的思维和参与观念，愿意支付。农户支付行为与农户收入约束有很大的关系，收入高的农户支付行为也越积极。

（2）农户家庭特征变量。主要拣选家庭人口、农业劳动力人口、非农就业人数来考察农户家庭变量。人口数量多少、农户从事农业劳动的数量会影响到农户的行为选择，但是具体的影响方向如何，我们难以从理论上做出判断

（3）种植特征变量。主要用灌溉面积表征。灌溉面积大的农户，说明投资水利设施的边际收益高，如果支付行为带来的边际收益越高，越能够激发农户支付的意愿。农户的灌溉面积与支付意愿成正向关系（孔祥智、涂圣伟，2006）。

（4）农户社会资本变量。主要从社会网络、社会信任、社会声望、社会参与四个方面考察。根据上一节所述，社会资本的四个维度会对农户支付行为产生正向影响。

（5）制度变量。拣选政府补贴、政府投入力度作为主要指标。政府补贴从一定程度上缓解了小型水利设施供给压力，而政府投入强度也对水利设施的投入有某种程度的减压效果。因此，两者会弱化农户的支付行为。

（6）农户用水环境变量。主要选取对现有小型水利设施是否满意、是否存在偷水现象、是否存在用水纠纷三个指标。用水环境优劣直接关系到农户对小型水利设施的需求，而对水利设施越满意，偷水现象和用水纠纷越罕见，农户的支付行为越不明显。

具体变量说明及预期假设如表 6-1 所示：

表 6-1　变量解释及其对决策行为的影响假设

变量名称	变量赋值	预计方向	
		支付意愿	支付金额
因变量			
农户支付愿意	愿意=1　不愿意=0		
支付金额	按实际调查数据计算		
自变量			
农户个体特征			
户主年龄	18～30 岁=1　　31～40 岁=2		
	41～50 岁=3　51～60 岁=4	+	+
	61～70 岁=5　70 岁以上=6		
职务	一般村民=1，小组长=2，村干部 =3	－	－
受教育程度	按照实际统计数据计算	+	+
农户收入	按农户实际年收入计算（元）	+	+
农户家庭特征			
家庭人口	按实际调查数据计算	？	？
农业劳动人口	按实际调查数据计算	？	？
非农就业人口	按实际调查数据计算	？	？
种植特征			
灌溉面积	按实际灌溉面积计算	+	+
社会资本特征			
社会网络	根据实际指数计算	+	？
社会信任	根据实际指数计算	+	？
社会声望	根据实际指数计算	+	？
社会参与	根据实际指数计算	+	？
制度因素			
政府补贴	有=1　没有=0	－	－
政府投入力度	几乎不投入=1　投入力度小=2		
	一般=3　投入力度很大=4	－	－
用水环境			
水利设施	非常不满意=1 比较不满意=2		
满意度	一般=3 比较满意=4　非常满意=5	－	－
是否偷水	有=1；没有=0	－	－
用水纠纷	经常=1 一般=2 偶尔=3 从不=4	－	－

注："+"代表显著正相关；"-"代表显著负相关；"？"代表对影响的方向不明确。

100

6.2.2　实证结果分析

6.2.2.1　样本选择性偏误检验

由于使用微观调查资料研究农户支付行为，常常存在选择性偏误问题，因此，在进行模型估计时，首先需要检验是否存在样本选择性偏误，如果存在，则需要进行纠偏处理，然后进行模型估计，以确保估计的真实性；如果不存在样本选择性偏误，则可直接进行模型估计。

运用 Heckman 样本选择模型对样本选择性偏误进行检验，通过逆mills 比的估计值的 P 值判断是否存在样本选择性偏差问题。如果逆mills 比的估计值 λ 的 P 值是显著的，则存在样本选择性偏误；如果逆mills 比的估计值 λ 的 P 值不显著，则不存在样本选择性偏误（曹乾、杜雯雯，2010）。样本选择性偏误检验结果中逆 mills 比的估计值 λ 的P 值为 0.45，未能通过显著性检验，这表明该样本不存在选择性偏误问题，无需纠偏，可直接进行估计。

6.2.2.2　结果与讨论

模型估计通过了显著性的检验，伪判决系数小于 1，估计结果具有较好的解释力。重点关注的是社会资本对农户小型水利建设支付行为影响，从模型估计结果看，社会网络和社会参与是影响小型水利设施支付意愿的重要因素，同时，社会声望和社会参与对农户小型水利设施建设的意愿支付金额具有显著影响。此外，农户支付行为还受农户个体特征、农户家庭特征、种植特征、农户社会资本特征、制度因素和用水环境特征等因素的影响。具体分析如表 6-2。

（1）农户个体特征

农户年龄对支付金额的影响处于5%的显著水平，且方向为正向，意味着农户年龄对农户小型水利的支付金额具有正向影响，这与预期一致。可能是由于年长的农户对农村小型水利设施有着较强的依赖性且有一定的积蓄，愿意支付小型水利设施的合作供给。农户职务对支

基于社会资本视角的农村社区小型水利设施合作供给研究

付意愿的影响通过了5%的显著性负向检验，表明职务越高，支付意愿越不强烈，可能的原因是农户可以借助职务的寻租行为解决小型水利设施的供给问题。农户收入处于1%的正向显著性水平，表明农户收入是影响小型水利设施合作供给中农户支付行为的重要因素。农户收入越高，意味着农户越有经济能力参与小型水利设施建设，其支付金额越高。而受教育程度与支付意愿关系不大。

表 6-2　支付行为估计结果

解释变量		支付意愿 系数	支付金额 系数
农户个体特征	年龄	-0.072	0.03**
	职务	-0.267**	-0.03
	受教育程度	-0.004	0.02
	农户收入	0.02	0.038***
农户家庭特征	家庭人口	0.03	0.02
	农业劳动力数	0.02	0.038***
	非农就业人数	0.08	0.005
种植特征	灌溉面积	0.1***	0.02**
农户社会资本特征	社会网络	0.127**	0.019
	社会信任	0.03	0.005
	社会声望	0.006	0.03**
	社会参与	0.159***	0.055***
制度因素	政府补贴	0.27*	0.044
	政府投入力度	0.04	-0.003
用水环境特征	水利设施满意度	-0.077	-0.001
	是否偷水	0.35***	0.06**
	是否纠纷	0.26***	0.058**
常数项		0.208	0.023
LR		58.09	84.64
Probit>chi2		0	0
伪判决系数		0.0591	0.0802

注："*"，"**"，"***"表示统计检验处于10%、5%和1%显著性水平。

（2）农户家庭特征

在支付意愿上，家庭人口、农业劳动力人口和非农就业劳动力人口未能通过显著性检验，表明家庭特征与支付意愿的影响不大。在农户支付金额方面，农业劳动力人口通过了1%的显著性检验，且符号为正，这表明农业劳动力人口越多，农户愿意支付的金额越高。但是，农业劳动力人口的边际支付系数较小，说明劳动力人口对意愿支付金额影响有限。

（3）农户种植特征

灌溉面积处于1%的正向显著水平，与预期一致。结果表明，农户灌溉面积越大，农户支付意愿越强烈。同时，对于农户的意愿支付金额，在5%显著性水平下，灌溉面积通过检验，且符号为正，意味着灌溉面积每增加1%，农户意愿支付金额增加2%。农户拥有的灌溉面积越大，对小型水利设施的依赖程度越高，其支付意愿越强烈，意愿支付额也就越多。

（4）农户社会资本特征

在支付意愿方面，社会网络通过了5%的正向检验，这表明社会网络越丰富，农户越愿意参与小型水利设施的建设。社会网络反映了农户的社会关系及其资源动员能力，社会网络越丰富，意味着其资源动员能力越强，信息沟通能力也越强，在支付过程中其需求协调相对容易。

社会参与处于1%的正向显著性水平，且符号为正，说明社会参与程度越高，农户支付意愿越强。由于农户参与程度的高低体现了农户自我诉求表达充分与否的程度，农户参与程度越高，意味着与邻里沟通越充分，诉求也容易得到表达，越能够激发农户支付的积极性。

在支付金额方面，社会声望和社会参与分别处于5%和1%的正向显著性水平，意味着农户社会声望程度和对集体事务参与程度越高，农户愿意支付金额越多。社会声望和社会参与程度每增加 1%，农户愿意支付的金额分别增加 3%和 5.5%。

（5）制度因素

政府补贴通过了 10%的正向显著性检验，与假设相符，这意味着政府补贴具有较强的激励效果，政府补贴越多，对农户的支付意愿的诱导作用越强。政府投入力度未能通过检验，可能是因为政府投入主要集中在公益性强的大中型水利设施项目，而对与农户生产直接密切相关的小型农田水利设施项目关系不大，因而对农户支付行为影响不明显。

（6）用水环境特征

在支付意愿方面，是否偷水在1%的水平下通过了显著性检验，且符号为正，这意味着农村社区存在的偷水现象越严重，农户的用水成本越高，农户越愿意通过合作建设小型水利设施，避免偷水问题，降低用水成本。是否纠纷通过1%的显著性检验，方向为正，符合预期假设。农户对水利设施的使用纠纷越多，表明农户愿意投入改变使用现状。在支付金额方面，是否偷水和是否纠纷分别通过了5%的显著性检验，说明是否纠纷和是否偷水是影响农户小型水利设施建设支付金额的关键因素。

6.2.3 结论

利用陕西省农户调查数据，考察了社会资本对农村小型水利设施合作供给中支付行为的影响。基本结论是：在小型水利设施建设合作过程中，社会资本是影响农户支付行为的重要因素，但是，社会资本的不同维度对其支付意愿和支付金额影响具有差异性，其中，社会网络、社会参与影响支付意愿；社会声望和社会参与影响支付金额。此外，灌溉面积、是否偷水和是否纠纷也是影响小型水利设施建设农户支付行为的重要因素。

6.3 小型水利设施合作供给的成本分担方式

2011 年中央一号文件强调"加快推进小型农田水利重点县建设"。农户小型水利设施合作供给充分契合了中国农户分散经营的现状，是解决小型水利设施供给不足的重要手段（贺雪峰、罗兴佐，2006），然而供给成本合理分担方案是实现农村社区小型水利设施有效供给的前提条件（Kurian，2001）。在小型水利设施合作供给实施过程中，存在着成本分担方式差异、分担方案难以有效形成（温铁军，2011）、农村社区资源动员不足等问题。因此，促使农户开展合作，需要解决合作成本分担问题。实践调查中，农村社区现实存在不同的成本分担方式，那么不同的成本分担方式如何影响农户对小型水利设施合作供给支付偏好？哪种成本分担方式使得农户更愿意接受，更有利于实现农户合作供给？这些是制定合理成本分担方案需要回答的关键问题。本部分采用二元 Logisitic 方法对不同成本分担方式与农户的支付行为间的相关关系进行定量研究，为制定科学合理的成本分担方式提供依据。

6.3.1　农户小型水利设施合作供给的成本分担原则及类型

在小型水利设施供给中，农户作为基本的灌溉单元，难以承担高额的成本（贺雪峰、郭亮，2010），需要几个人联合起来合作供给提供。农户采用什么样的成本分担方式势必会影响到农户参与的积极性，进而影响到农户参与合作的满意度和实施程度。因此，制定公平合理、有效率的成本分担方案是合作供给成功的关键。在小型水利设施的合作供给成本分担过程中，分担原则和方式的选择非常重要。

6.3.1.1　成本分担原则

参与小型水利设施合作供给的农户作为独立的经济主体，在保证整体利益实现的同时，要为自己争取更多的利益，必须协调好各参与农户的行为，使合作供给顺利实现。小型水利成本分担需要遵循以下几个原则。

（1）保障基本灌溉用水原则

小型水利设施的充分供给是保障农户灌溉用水的重要条件，合理化农户的出资方式，有利于提高农户合作建设小型水利设施的热情和积极性，最大化满足农户的灌溉用水需求，保障粮食产量（贺雪峰、郭亮，2010）。在调查中，小型水利设施的功能认知也表明现有农户对小型水利设施的需求集中于灌溉用水方面。因此，农户合作制定小型水利设施成本分担原则需要考虑到这种利益协调机制是否能够满足合作农户间健康有序的用水需求。

（2）个人理性原则

传统经济学假设人是理性的，农户将自身利益最大化作为行为选择的标准，追求较高收益和较低的成本。农户建设水利设施成本包括在建设中的投入成本、协商成本和监督成本，只有当参与农户在小型水利合作供给中所分担的成本低于独立供给时的边际成本时，才是有利可图的，农户才会有积极性合作。只有每个参与农户所分担的成本都减少了，且形成一种稳定行为约束关系，小型水利设施的合作供给才能持续稳定进行。

（3）公平原则

由于异质性的存在，在小型水利设施建设过程中农户分担成本偏好和需求不尽相同，享有使用权和支配权不同。成本分担既要考虑实际灌溉用量，也要考虑农户的承受能力，即异质性农户的公平性。成本分担方案的制定只有让每个参与农户的基本利益能够得到保障，让农户感受到自己和别人的待遇一样，才能激发农户进行小型水利设施合作供给兴趣，实现顺利合作。

（4）效率原则

用合作成本和建设后的水利设施带来的种植收益和水利收益等来考察合作效率。如果合作效率提高，意味着每个参与农户分担的合作成本在下降，因此，在制定成本分担方案时，既要考虑到农户间成本分担的公平性，又要考虑到成本分担的效率。追求效率才能促使参与农户自觉为实现整体利益做出努力，形成一种稳定的正向激励。

6.3.1.2　成本分担方式类型

成本是影响农户行为选择的关键（布坎南，2009）。农户进行小型水利设施合作供给需要承担的成本主要包括前期合作建设成本和后期运营维护成本。成本分担方式的不同直接关系到内部结构的整合，进而会影响到农户对小型水利设施的权利配置和利益协调安排，最终影响到农户的积极性（史耀波，2012）。在田野调查和访谈中，我们发现在陕西省咸阳市存在着不同的农户合作供给成本分担方式，主要可归结为以下四类：

（1）按个人收入分担

在小型水利设施的合作供给和运营维护过程中，小型水利设施的投入成本按照农户的个人收入进行分摊。具体的实施办法是：当几个农户达成合作供给协议时，每个人出资的多少按照合作成员个人收入的比例进行分配。其计算公式为：

$$x_i = \frac{Y_i}{\sum\limits_{i=1}^{n} Y_i} \times C(N) \qquad i = 1, 2, \cdots, n \qquad （1）$$

式中，x_i 为第 i 个参与合作供给的农户分担的合作供给成本；n 为参与小型水利设施合作供给的总农户数；Y_i 为第 i 个农户的收入；$C(N)$ 为合作供给的成本。调查表明，按人均收入分担比例占 21.1%。这种方式反映的是有钱人多出，没钱人少出，能够缓解低收入农户的压力，但是容易造成搭便车和投机现象，没有钱的农户或者低收入农户谎报自己收入，以投入较低成本，而获得较高收益。

（2）按灌溉面积分担

小型水利设施的投入成本按照每户农户的灌溉面积进行分担。具体的实现办法是：当几个农户达成合作供给协议时，每个人出资的多少按照合作成员各户灌溉面积的比例进行分配。其计算公式为：

$$x_i = \frac{Q_i}{\sum\limits_{i=1}^{n} Q_i} \times C(N) \qquad i = 1, 2, \cdots, n \qquad （2）$$

式中，Q_i 为第 i 个农户需要灌溉的农田面积。调查中，按照灌溉面积分担方式的比例约有 39.5%。按灌溉面积分担方式本质上是按照收益大小出钱，灌溉面积的大小，直接决定了小型水利设施的利用效率和收益水平。根据农户收益的高低进行分配，是充分考虑到每个农

基于社会资本视角的农村社区小型水利设施合作供给研究

户收益的公平性，满足公平原则，但是灌溉面积不是静态不变的，可能会随着农户从事农业生产意愿的改变有所变动，增加征收的成本；与此同时，土地的自然条件如土壤结构不同，吸水性有所差异，容易导致水资源利用的不公平性。

（3）按劳动力人口分担

投入成本按照劳动力人口分担，反映的是完全平均原则，是一种完全的公平主义，即社会产品平均分配（辛波 等，2011）。具体的实施办法是：当几个农户达成合作供给协议时，每个人出资的多少按照合作成员人数平均进行分配。其计算公式为：

$$x_i = \frac{C(N)}{n} \qquad i=1,2,\cdots,n \qquad (3)$$

实地调查中，按照劳动力分担方式的比例约有 30.3%。这种典型"按照人头收费"的优点是征收和核算较为便利，但是在实际调查中，不同土地规模的农户对小型水利设施的利用率有所不同，这种征收方式忽略了小型水利设施主体的使用习惯差异，易造成农户心理失衡，投资后劲乏力。

（4）按水利工程构件分担

将小型水利设施看作是由若干小的水利工程构件组成的整体，如农田灌溉工程可分解为机井、斗灌渠和支灌渠等工程建设。有的农户投资主要的机井建设，有的农户投资渠道建设。具体的实现办法是：当几个农户达成合作供给协议时，合作成员根据投资的水利设备的不同构件出资并进行相应的维护。其计算公式为：

$$x_i = \frac{I_i}{\sum_{i=1}^{n} I_i} \times C(N) \qquad i=1,2,\cdots,n \qquad (4)$$

式中，I_i 为第 i 个农户参与小型水利设施合作供给进行的水利设备投资。实践调查中，按水利工程构件分担方式的比例约有 9.1%。这种按照水利工程构件不同进行合作成本分担，其优点是分工明确，产权明晰，但因为涉及到后期的维护，而且随着小型水利设施的折旧，不同部分的边际报酬递减有所差异，容易产生后期维护成本和获益分配不均，导致合作供给不可持续的风险，同时，会导致有部分合作者存在投机心理，产生"搭便车"的行为，影响到小型水利设施的正常运行。

6.3.2　成本分担方式的描述性统计

从总体上看，无论农户是否愿意支付，大部分人都倾向于按灌溉面积分担小型水利设施的合作成本，其次是按劳动力人口进行成本分担，仅有 6%的农户选择了按照水利工程构件分担。从支付意愿看，其比例与总体比例分布大体吻合，且农户支付意愿中按照灌溉面积分担的比例更高些。从不同成本分担方式看，大部分成本分担方式下选择愿意支付的人数远高于不愿意支付的人数，按水利工程构件分担除外。因此，可以得出农户成本分担偏好按照由低到高排列为：按照水利工程构件分担<按照个人收入分担<按照劳动力人口分担<按照灌溉面积分担。

表 6-3　不同成本分担方式的支付意愿的分布

成本分担方式	意愿支付（%）	不意愿支付（%）	合计（%）
按个人收入分担	77（11.79）	47（19.8）	124（13.9）
按劳动力人口分担	80（12.25）	58（24.47）	138（15.5）
按灌溉面积分担	475（72.74）	100（41.78）	575（64.6）
按水利工程构件分担	21（3.3）	32（13.24）	53（6.0）

注：（）里为个体占总体的比例。

6.3.3　成本分担方式选择

6.3.3.1　回归模型设定

农户的行为选择受到个体特征和资源禀赋的限制（朱红根等，

2010）。因此，本书选择年龄、性别、受教育程度、职务、兼业化、风险偏好、农户收入及灌溉面积作为表征农户特征和禀赋的控制变量。

本书尝试采用 Logistic 回归模型来对成本分担方式对支付意愿的的影响进行分析，当模型的因变量是一个分类变量而不是连续变量时，采用一般的线性回归模型对参数进行估计时存在异方差，而 Logistic 模型能够解决该问题。Logistic 回归的优点还体现在：一是突破正态分布限制；二是可以增加解释变量的个数来提高预测精度；三是模型回归的结果具有概率意义，比一般线性回归模型更具解释力。

设定当农户愿意支付时取"1"，农户不愿意支付时取"0"，P_i 表示愿意支付的农户在总农户中所占的比例，对机会比率（Odds Ratio）$\dfrac{P_i}{1-P_i}$ 取对数得 $\ln\dfrac{P_i}{1-P_i}$ 记为 $Logit_i$，具体的函数模型如下所示：

$$\text{Log}it_i = \ln\frac{P_i}{1-P_i} = \alpha + \sum_{i=1}^{m}\beta_i X_i + \sum_{i=1}^{3}\gamma_i Z_i \qquad （5）$$

式中，α 是常数项；X_i 是第 i 个农户支付意愿的影响因素，是除成本分担方式以外的控制变量的集合；β_i 是 Logistic 回归模型的偏回归系数，表示第 i 个影响因素对农户支付意愿的影响程度。本书中，作者将不同的成本分担方式设置为虚拟变量 Z_i，在存在截距项时，存在 m 中互斥的属性，可以设 m-1 的虚拟变量，在本书中，因为成本分担方式一共有 4 种，而且是互斥的，所以可以设 3 个虚拟变量，每个虚拟变量设置值分：是=1，否=0。γ_i 表示的是成本分担方式对支付意愿的影响强度。

6.3.3.2 实证结果分析

运用 STATA12.0 操作软件，采用有限制的迭代极大似然估计法对回归模型进行估计，结果如表 6-4 所示。

表 6-4　支付意愿影响因素实证结果

变量		系数	发生比	标准差	P>z
个体特征	年龄	-0.179*	0.836	0.098	0.069
	性别	0.130	1.139	0.168	0.437
	职务	-0.457**	0.633	0.212	0.031
	兼业化	0.047	1.048	0.216	0.828
	风险偏好	-0.012	0.988	0.100	0.906
	受教育程度	0.005	1.005	0.023	0.844
	农户收入	0.001	1.000	0.001	0.769
种植特征	灌溉面积	0.008	0.992	0.016	0.612
成本分担方式	按个人收入分担	0.835**	2.305	0.345	0.015
	按劳动力人口分担	1.213***	3.363	0.355	0.001
	按灌溉面积分担	2.150***	8.585	0.323	0.000
常数项		0.493	1.638	0.555	0.374
Log likelihood = -442.975			伪判决系数 =0.0883		
LR chi2（12）=85.82			Prob > chi2 =0		

注："*"，"**"，"***"表示统计检验处于 10%、5%和 1%显著性水平。

由表6-4可知，伪判决系数说明回归的拟合程度，越接近于0，说明因变量和自变量间的关系越紧密。极大似然估计通过了1%的显著性检验，表明模型的结果是可以接受的。小型水利设施建设的支付意愿受到农户年龄、职务和成本分担方式的影响。

农户个体特征变量中，农户年龄处于10%的显著性水平，且与农户支付意愿成负相关，表明年轻的农户，越倾向于参与到小型水利设施的共同建设和维护中。农户职务变量通过了5%的检验，并且方向为负，这意味着农户的职位越高，农户的支付意愿越不明显。这是由于农户职务越高，在传统农村社会，掌握资源越多，越有能力利用其他手段解决灌溉用水问题（王昕、陆迁，2012）。调查表明，村干部善于运用社会资本和人情网络处理自家农业灌溉用水面临的问题。

不同的成本分担方式对农户的支付意愿影响都通过了显著性检验，对农户支付意愿具有显著影响。按个人收入、劳动力人口、灌溉面积的成本分担方式的影响系数分别为 0.835、1.213、2.150，表明其能够提高农户支付的积极性。当按照农户个人收入进行分担时，农户的边际收益为使用小型水利产生的农业收益，高于每个人投入的边际成本；按照劳动力人口分担，体现的是按人头分担，给农户心理上一种平衡感（林万龙，2007）；而按照灌溉面积分担体现了按收益多少进行成本分摊的原则，这种成本分担模式在农户看来是较为合理和公平的。中国有句古语叫"不患寡而患不均"。农民对其他人的投入程度的关注度远远大于对自身投入的关注度，如果彼此间差距更大，激发农户的不满情绪，出现反抗或者是骚动情况，容易破坏合作组织的稳定性。因此，按照灌溉面积分担方式因其具有更强的公平性和均等性成为小型水利设施成本分担方式中最为农户所接受的方式。

此外，不同出资方式的发生比有一定的差异。不同的发生比反映农户的选择偏好。三种成本分担方式的发生比分别为 2.305、3.363、8.585，这意味着农户在做出支付行为选择时，更偏好于按照灌溉面积分担的成本分担方式。按收益的多少进行费用的分摊，是较为有效的方式（吴士健等，2002）。

6.3.4 结论

运用 890 户农户的实地调查数据，归纳出农户成本分担偏好按照由低到高排列为：按照水利工程构件分担<按照个人收入分担<按照劳动力人口分担<按照灌溉面积分担。通过二元 Logistic 模型，对小型水利设施建设的成本分担方式对支付意愿的影响进行了分析，表明不同的成本分担方式对小型水利设施合作供给支付意愿都有正向的激励作用，并运用发生比进一步证实了按照灌溉面积进行成本分担是最优的成本分担方式。

6.4 小型水利设施合作支付标准确定

农户既是小型水利设施的受益者，又是小型水利设施的成本分担者，合理引导农民筹资筹劳要充分考虑农户的意愿问题（谭向勇、刘力，2006）。小型水利设施农户合作是建立在自愿、自发合作的基础上的，容易出现成本分担不均和搭便车的问题。制定合理的成本分担标准，平衡合作供给成员之间的利益，有利于激发农户合作的积极性。因此，基于农户意愿制定合理的分担标准是农户合作供给行为逻辑的基本起点，是小型水利设施持续发展的重要保障。本部分采用条件价值评估方法（Contingent Valuation Method，CVM），基于农户支付意愿，对农村小型水利设施合作供给的成本分担标准进行估算，确定小型水利设施的成本分担标准。

6.4.1 成本分担意愿测算方法

小型水利设施"俱乐部产品"的属性决定了其合作供给的成本难以完全利用市场机制来预算和估计。而条件价值评估法为本书合作供给成本的测算提供了较好的分析工具。CVM 最关键的技术是核心估值技术，CVM 的核心估值方法主要有投标博弈法、开放式问卷、支付卡问卷和二分式选择法四种。农户小型水利设施合作供给成本分担意愿的 CVM 法就是指通过调查和问卷形式揭示出被调查者真实的支付意愿（willingness to pay，WTP）的方法，这种意愿从某种程度上表征了农户的偏好或需求，为农户行为决策提供依据。在估值方法的选取上，通过预调查，作者认为支付卡方法因其有利于农户更好地理解研究意图而成为最佳的方法。支付卡方法即给定一组投标值，让被调查者选择其中一种作为支付意愿。将问卷问题设为您最多愿意分担的小型水利设施合作供给成本的多少。在预调查中，我们还发现，由于不同的小型水利设施类型需要投资的金额不一样，即使是相同的设施但在不同的地理位置，投资成本也有所差异。因此，选用比例的形式更能科学地反映成本分担意愿，减少在问卷调查阶段的误差。本书将有效问卷中不愿意支付的金额设定为 0，根据预调查的结果，本书以

20%为间隔[①]，参考曹红斌等（2008）的计算方法，设置了五个选项，取每个选项的中位数即 10%、30%、50%、70%、90%进行加总，计算出最终的 WTP。农户小型水利设施合作供给的成本主要是指农户在合作供给中承担的金额，即在小型水利相关设施建设过程中，农户合作需要支付多少钱，而农户的成本分担意愿就是指愿意支付占小型水利设施总体投入的比例。其具体的成本分担意愿的测算公式为：

$$WTP = \sum_{i=1}^{5} \frac{n_i * percentage_i}{N} \qquad （1）$$

6.4.2　成本分担支付标准

根据公式（1）对上述数据进行计算，得到农户小型水利设施合作供给成本分担意愿为 36.7%。这表明在进行小型水利设施建设时，农户最愿意分担的成本为总成本的 36.7%。

6.5　本章小结

在小型水利设施合作供给的组织运行过程中，组织者如何协调农户的需求，将农户的利益整合到一起，使得农户产生持久参与意愿是组织运行的核心问题。而该问题解决的重点是构建合理的成本分担机制。本部分利用 Heckman 两步法模型对小型水利设施的合作供给成本分担意愿进行分析，探讨社会资本不同维度对合作供给支付行为的影响机制。实证结果表明，社会网络、社会参与影响支付意愿，社会声望和社会参与影响支付金额。同时，在设定小型水利设施的成本分担方案时，按照灌溉面积进行分担是农户最为偏好的分担方式。运用 CVM 方法得出农户成本分担意愿为总成本的 36.7%。

---

① 据预调研中农户的反应，笔者以 20%为间隔确定投资比例，能够较好和较为全面地概括农户的支付意愿。

第7章
社会资本对小型水利设施合作供给效率的影响分析

　　农户合作组织研究是一个动态的过程,既包括合作形成的过程(由谁组织和如何组织),又包括组织形成后合作效率反馈的过程。前面所述内容回答了合作供给的组织形成和实施,而考察社会资本如何影响到小型水利设施的合作供给效率,也是探究集体行动实现的重要内容。效率是组织合作的关键(黄祖辉、扶玉枝,2013)。本章详细地说明了社会资本对小型水利设施合作供给效率的作用机理,并实证分析了社会资本的作用强度,为回答如何发挥社会资本作用提高合作供给效率提供理论和实证依据。

7.1　社会资本对小型水利设施合作供给效率的作用机理

　　理性农户参与合作供给的动因是预期收益的增加或成本的节约。合作成本收益的比较是衡量合作供给效率的重要指标。从收益角度看,农户参与合作供给的预期收益主要包括小型水利设施消费带来的收益、农户参与合作带来内心的满足感和归属感、农户合作过程中的社会认同感和尊重感。当农户参与到小型水利设施的合作供给中，农户可以享受到小型水利设施的相关功能，避免了由于等待时间过长或者是靠天吃饭而带来的拥挤成本和沉没成本，提高了农产品产量和收益。在合作的过程中，农户会因为频繁地参与强度形成一种"我为村子做贡献"的心理，由于大家可以享有小型水利设施，而有一种强烈的社会存在感和认同感。同时，在整个合作过程中，参与农户通过交流积极建言献策，其需求和权利表达能够得到充分的重视，由此产生被尊重的感觉，极大满足了农户的内心需求。从成本角度看，农户在合作形成过程中需要承担一定的交易成本，包括搜寻潜在合作对象的费用、契约实现的协商成本以及抑制合作方投机的监督成本。搜寻成本就是在小型水利设施合作供给过程中，有合作意愿的农户单凭自己的力量难以满足水利设施建设的资金需求，而在与他人交流、交换资源、搜索信息，寻找与自己目标相一致的合作者的过程中产生的谈判和沟通成本，还包括为了准备谈判查阅资料、准备文档等产生的成本。协商成本主要是在小型水利设施投资建设过程中，农户达成一致意见前，异质性农户由于需求差异容易产生冲突和矛盾，需要进行协商所产生的成本。监督成本主要是在小型水利设施运营过程中根据契约规定进行监管产生的对资金使用、人员管理、协议履行等成本。当然，小型水利设施的成本还包括在小型水利设施建设过程中的建设成本和经营成本。

从经济学角度分析，作为理性经济人的农户，只有实现预期收益-成本≥0或者收益/成本≥1时，农户才愿意合作。具体表示为：

$s = \begin{cases} 1, if\, U_{\bar{p}} - U_{\bar{c}} \geqslant U_p - U_c \\ 0, if\, U_{\bar{p}} - U_{\bar{c}} < U_p - U_c \end{cases}$。其中，$s$ 表示是否参与合作，当为 1 时，

为愿意合作，且是有效率的，当其值为 0 时，则相反。U_p，U_c 分别代表合作前单个农户的收益和成本，$U_{\bar{p}}$，$U_{\bar{c}}$ 分别代表合作后单个农户的预期收益和成本。

中国农村农户作为居住在固定范围内、与周围人长期交往的个体，可以利用社会资本进行合作，提高合作供给效率。在假定合作收益一定的情况下，社会资本可以降低交易费用，提高合作供给效率，具体

路径如图 7-1 所示。

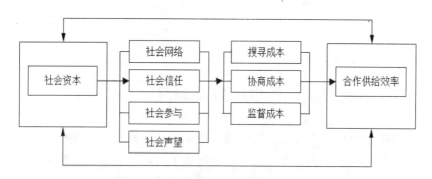

图 7-1 社会资本提高合作供给效率路径

第一，社会资本能够降低农户的搜寻成本。在合作形成过程中，总会在合作发起阶段寻找有合作意愿的农户，进行合作信息的宣传，与农户在达成意见之前形成一系列的谈判成本等费用。社会资本有利于降低农户搜寻成本。当农户发起小型水利设施建设的号召时，农户总要寻找适合合作的伙伴，长期形成的社会网络体系有利于了解农户成员的需求偏好，网络内农户通过信息的沟通和交流，找到与自己有共同意愿的合作者，降低了信息搜寻成本。

第二，社会资本降低了小型水利设施建设的协商成本。在小型水利设施合作发起后，会针对农户的利益和需求进行协商，容易形成高额的协商成本。信任程度的高低直接决定了组织成员对其的评价，信任程度高的农户容易达到组织者的预期，使得参与农户易于达成一致目标，减少协调成本。

第三，社会资本可以减少农户合作供给小型水利设施过程中的监督成本。合作达成后，在对小型水利设施建设进行资源分配时，权利和资源的控制专有权导致寻租行为，因此，需要按照契约要求对组织者和参与的农户是否履行协议进行监督，也需要对工程建设中的资金使用、人员管理等进行监督。社会网络加速信息传递，将合作变得透明化，农户建立或者是破坏社会声望相对容易。当农户违约时，其他成员很快就会知道，不再与之合作。违约农户因害怕遭受巨大的"沉淀成本"而减少违约。同时，基于"人情面子"的传统思维，农户受社会声望的约束，自觉规范行为，在协议执行时主动履行自己的职责，一定程度上降低了监督成本。

7.2 小型水利设施合作供给效率测度

小型水利设施合作供给效率的度量是评价农户是否愿意长久合作的重要指标。但是由于在调查中，合作成本难以进行量化，鉴于现有调查数据，本书选取小型水利设施的管理技术效率作为合作供给效率的重要指标。

7.2.1 效率测度模型

通过实地调查研究发现，现有政府供给水利设施难以满足广大农户的灌溉需求。因此，一些分散农户联合起来，自发合作，共同供给和管理小型水利设施。农户参与程度成为决定水利设施管理技术效率的重要因素（柴盈、曾云敏，2012）。本书重点考虑农户参与和不参与两种方式，即农户联合起来共同供给小型水利设施建设就称其为合作者；农户未参与小型水利设施建设和维护的人员就称其为非合作者。小型水利设施管理技术效率是指既定投入水平获得的最大产出能力，即在其他农业投入固定的前提下，理想水利投入和实际水利投入的比值。

1978 年，美国著名运筹学家 A. Charnes 与 W.W. Copper 等人开创的效率评价新方法——数据包络分析（DEA）方法。数据包络分析方法是以决策单元（Decision Making Unit，简称 DMU）的投入、产出指标的权重作为优化变量，将决策单元利用数学规划方法投影到 DEA 前沿面上，通过计算决策单元偏离 DEA 前沿面的距离，对决策单元的相对有效性做出综合评价，并且能够获取许多反映决策单元的相关管理信息。其基本思路是：综合分析投入、产出数据，得出每个决策单元的综合效率指标，确定各决策单元是否为 DEA 有效。数据包络分析（DEA）方法无需设定特定的行为假设、估计参数、合理性检验、具体投入产出间的生产函数形式，可有效避免了由于错误的生产函数和非效率项分布形式而带来的偏差，在某种程度上规避评价者的主观意识（王学渊，2009）；DEA 计算的是相对效率，无需进行无量纲化处理，不受样本规模的限制，更适合截面数据和面板数据的分析（王学渊，2009），是研究投入产出效率的重要分析工具。

本研究采用投入主导型测度方法，重点考察小型水利设施管理技术效率，即在给定农业产出和其他投入要素的条件下，最优小型水利投入量与实际投入量间的比率。由于农户可以控制投入，但难以控制产出，因此，本研究采用 VRS 条件下的 DEA 估计小型水利设施的技术效率。公式具体表达为：

$$\min_{\theta,\lambda} \theta_i, \tag{1}$$

$$\text{s.t.} -y_i + Y\lambda \geq 0$$

$$\theta_i x_i^W + X^W\lambda \geq 0$$

$$x_i^O + X^O\lambda \geq 0$$

$$\text{I1}'\lambda = 1$$

θ_i 是第 i 个农户小型水利设施的技术效率得分；y_i 第 i 个农户的产出，Y 是所有农户的产出（农户水利获得收益[①]）；X_i^W 是农户 i 水利费用投入，X 表示所有农户的水利费用投入矩阵；x_i^O 是指除了水利费用投入外的其他所有投入；$\text{I1}'\lambda$ 代表了 N 维单位向量矩阵。参考张宁等（2012）对农田水利设施管理效率的界定，本书所选择的产出指标为单位灌溉面积下农户获得收益，投入指标为单位灌溉面积下农户水利投入费用（包括小型水利设施的建设费用及其他灌溉用水费用）；单位灌溉面积下除水利外的农业生产成本（包括化肥、种子、机械投入费用）；单位灌溉面积下农业劳动力人口。所有数据为连续变量，且进行了标准化处理。

[①] 农户水利基本上用于农业灌溉，所以用农业收入来衡量农户水利投资收益。

7.2.2 数据来源及描述性统计

7.2.2.1 数据收集

本书以陕西省咸阳市三原县为研究区域，数据来源于实地调查。其中用"您是否参与了小型水利设施建设合作"来界定小型水利设施建设的合作者和非合作者。调查采用进入农户进行面谈和问答形式；这种形式可以有效减少偏差，获得精准的样本信息。本次调查收回问卷 1000 份，其中有效问卷 890 份，有效率为 89%。调查统计显示，合作农户有 552 户，占 62.02%，非合作农户共有 338 户，占 37.98%。

7.2.2.2 描述性统计

由表 7-1 可知，合作者的主要特征表现在其平均年龄高于非合作者的平均年龄、男性比例较高、受教育程度更高。此外，合作者的农业收入较非合作者高出 534.08 元，除了水利投入外的务农支出低 73.59 元，水利投入费用低 117.5 元，灌溉面积多 0.022 公顷，农业劳动力人口高出 0.03，社会资本分值高 0.62。

表 7-1 合作者和非合作者的基本特征比较

统计指标	合作者		非合作者	
	平均值	标准差	平均值	标准差
年龄	3.46	0.88	2.95	0.77
性别	0.58	0.49	0.46	0.50
受教育年限	2.74	0.77	2.66	0.74
农业收入（元）	7263.28	7942.08	6729.20	8040.52
水利投入外的农业生产经营成本（元）	2439.86	2344.00	2513.45	2173.22
水利投入（元）	885.58	835.78	1003.08	1472.91
灌溉面积（亩）	4.06	3.55	3.73	2.56
农业劳动力人口（人）	2.04	1.04	2.01	0.91
社会资本分值	3.79	0.99	3.17	0.01

7.2.3　合作和非合作的效率比较

表 7-2　合作和非合作的小型水利设施管理技术效率统计

效率分组	农田水利技术效率		合作与非合作的比例（%）
	合作	非合作	
[0,0.2)	1.75	39.04	-91.87
[0.2,0.4)	38.74	33.02	113.46
[0.4,0.6)	26.87	12.7	285.0
[0.6,0.8)	9.95	6.67	171.43
[0.8,1)	4.54	3.17	160.0
1	18.15	5.4	511.76
平均值	0.54	0.34	58.82

表 7-3　非合作者和合作者效率差异检验

组别	样本数	平均值	标准差	95%的置信区间
非合作者	338	0.34	0.01	0.31，0.36
合作者	552	0.54	0.01	0.52，0.56
总体	890	0.44	0.01	0.44，0.49
差异		-0.21	0.02	-0.24，-0.17

two sample t test : t = -11.15[***]

Kolmogorov-Smirnov test : Z=0.4358[***]

参照王学渊（2008）对农业用水效率的分组方法，将小型水利设施管理技术效率按照 0.2 区间进行分组，最终得到表 7-2。从表 7-2 可以看出，全部样本农户小型水利设施管理技术效率为 0.44，表明小型农田水利技术效率较低，具有很大的管理潜力和利用潜力。合作农户小型水利设施管理的技术效率明显高于非合作农户的技术效率得分，平均为 0.54；而非合作农户为 0.34。在不同的效率分组类别中，合作者小型水利设施的技术效率主要落在[0.2,0.6]的区间中,而非合作农户小型水利设施的技术效率主要落在了[0,0.4]区间,进一步证实农户合作可以提高小型水利设施管理技术效率。农户小型水利设施管理技术效率得分为 1,说明技术效率达到了最优。合作者达到最优技术效率农户的比例是非合作者实现最优的 5.11 倍。为进一步验证合作与否的统计性差异,本书进行了两组 t 检验和 KS 检验。由表 7-3 可知,两类检验在合作者和非合作者农户的技术效率差异检验中都通过了1%的显著性检验,这表明农户合作时小型水利设施管理技术效率与非合作群体的技术效率是存在显著差异的,合作有利于提高小型水利设施的技术效率。

7.2.4 结论

小型水利设施管理技术效率的提高是保障农田水利正常运行,是实现粮食安全和农业可持续发展的重要保障。从农户合作供给视角出发,运用 DEA 模型,对小型水利设施管理的技术效率及影响因素进行了实证分析,发现合作管理比非合作管理更有效率,农户合作者的小型水利设施管理技术效率为 0.54,明显高于非合作者 0.34 的技术效率,同时也表明小型水利设施管理技术效率还有很大的提升空间。

7.3 小型水利设施合作供给效率的影响因素分析

农户合作供给小型水利设施涉及到合作方的成本投入问题,直接关系到小型水利设施管理技术效率,而小型水利设施管理技术效率又影响到粮食产量及水资源的利用效率(韩俊,2011;孟德锋、张兵,2010)。所以,从实证上回答合作供给对小型水利设施管理效率提升是否具有积极作用以及影响小型水利设施管理效率的因素,是评价合作供给是否可行的基本准则,也是促进农户持久合作的基本条件。

提高公共产品供给效率,最大限度发挥公共产品价值,是公共产品供给的重要目标。公共产品成本的分配将影响供给效率。陈武平（2000）用博弈模型和实验方法分析认为公共产品的供给数量和成本分配效率最优的条件是公共产品的受益者支付货币后所获得的边际效用之和等于公共产品的单位成本。涂圣伟（2010）则按照"需求-动机-行为-结果"的行为逻辑认为通过公民主动接触，为公民公共产品需求提供一条意愿表达机制，同时也是供给者了解公共产品供给状况的渠道，减少供需双方的信息不对称，更大程度提高公共产品供给效率。

迄今为止，现有学者对公共物品的合作筹资问题做了大量的研究，但很少量化农户合作对技术效率的具体影响（Araral，2007），尤其是对小型水利设施的影响。部分学者从用水协会的角度，对合作与否能否提高农业技术效率做了调查研究，形成了两种不同的观点。王金霞等（2000）认为只是名义上实行的农户合作制度，在微观上并不能带来高效率，研究表明，农户参与用水协会，在短时期内能够增加效率，但是从长期范围来说，并不一定能够带来效率的提高。但也有一些学者提出反对意见，如王晓娟、李周（2005），孟德锋等（2010）认为农户参与式管理和合作能够降低成本、提高技术效率。可见，学术界对合作能否提供效率的意见并没有达成一致，且研究对象集中于参与式管理，对农户自发合作供给下小型水利设施的技术效率分析较少。究竟合作能否带来技术效率的提高是亟待我们回答的问题。

在小型水利设施的合作供给中，社会资本发挥重要作用。埃莉诺·奥斯特罗姆（2000）通过对尼泊尔 150 个灌溉系统的经验性研究考察，得出社会资本能够降低在合作过程中的交易成本和协商成本。吴淼（2007）也指出社会资本对农村公共产品供给中的合作，提高供给效率有极大的作用。彭膺昊、陈灿平（2011）用田野调查法验证了农村建立良好的内生秩序有助于提高公共产品供给效率。我国是个人情味很浓的社会，农户社会资本对农户合作及其技术效率产生重要的影响。以往文献偏重于社会资本对合作行为影响机制方面的研究，较少关注社会资本对合作效率的影响。

基于以上研究背景，本部分从农户合作供给视角出发，将调查对象分为合作者和非合作者两种类型，运用 Tobit 模型，从社会资本及其不同的维度探讨小型水利设施管理技术效率差异的内在机理，为探索新型小型水利设施供给方式创新提供实证依据。

7.3.1　模型说明

由于小型水利设施的技术效率处于 0、1 之间，属于受限因变量，因此，可以 Tobit 模型估计影响因素。具体表达式为：

$$TE = a_1 X_1 + a_2 X_2 + a_3 X_3 + a_4 X_4 + \varepsilon \qquad （2）$$

其中，TE 代表小型水利设施的技术效率，主要是根据 DEA 模型计算出来的效率得分。X_1 代表个体特征变量矩阵，主要有年龄、性别、受教育水平；X_2 代表社会资本变量矩阵；X_3 表示制度因素矩阵，主要是指现有水价的合理性（合理为 1，不合理为 0）和水利投入力度（力度大为 1，力度不大为 0）两类变量；X_4 为组织因素变量矩阵，代表农户的类型是合作者还是非合作者，合作者为 1 否则为 0；a 表示不同因素的影响程度，ε 为随机干扰项，服从标准正态分布。

梳理现有文献，本书拣选影响小型水利设施管理技术效率的因素主要有：

（1）农户个体特征

根据贺雪峰、罗兴佐（2003）、刘力、谭向勇（2007）、孔祥智、涂圣伟（2006）等关于小型水利设施投资影响的研究，拣选农户年龄、农户性别和农户受教育年限作为表征农户个体特征的变量。年龄大的农户具有丰富的务农经验，通过调整灌溉方式等手段提高小型水利设施的技术效率。由于现有中国农村男人做主的传统，男性对小型水利设施的投资具有决定权，更大程度上影响到水利设施的技术效率。农户受教育年限的长短意味着劳动力素质和职业能力的强弱，受教育年限越长，劳动力素质越高，具有开放和进取精神，降低不确定性，从而能够提高小型水利设施管理技术效率（张宁等，2005）。

（2）社会资本

农户社会资本作为一种非正式的制度约束对小型水利设施的合作供给效率有积极作用。笔者设定，社会资本是由社会网络、社会信任、社会声望和社会参与四个维度构成的。农户利用自己的网络关系互通有无，减少了信息的不对称性，在网络内的成员能够实现资源的相互利用，降低了交易成本；社会信任对组织的形成和执行起到了规范和约束作用，在一定程度上削减了农户合作供给过程中的协商成本和监督成本；社会参与形成强烈的认同感和归属信念，使得合作得以持续，保证了小型水利设施建设，最终享有小型水利设施的灌溉服务，并因此带来产量的增加和收入的提高。因此，较高存量的社会资本能够增加小型水利设施的合作供给效率。

（3）制度因素

影响小型水利设施管理技术效率的制度因素重点考察水利投入力度和水价收取合理性这两个变量。其中，水利投入力度指的是小型水利设施的政府投入力度和当地村庄投入力度，其大小会影响到小型水利设施运行效率的高低。水费收取是维护小型水利设施管理和正常运行的重要方面。王晓娟、李周（2005）指出水费的收取会增加农户成本，引导农户更加关心用水成本。水费是水利工程运行的物质基础，水费收取率降低会影响工程的供水量（郭善民、王荣，2004），进而影响灌溉效率。水价收取合理，农户缴纳水费的积极性高，从而保证了小型水利设施运行和维护资金来源，有利于提高小型水利设施管理的技术效率。

（4）组织因素

组织因素主要用农户合作模式来表征。本书的合作模式如前文所述，主要选择农户自发合作供给和不合作供给两种方式。王金霞等（2000）认为农户参与有利于水利设施的正常运行，Prokopy（2005）的实证分析表明农民参与程度越高，小型水利设施管理的技术效率提升越高。参与用水户管理制度对高效地维护和保养农田水利设施有很大好处（肖卫、朱有志，2010），提高了农业技术效率，实现水资源的合理配置（孟德锋、张兵，2010；张宁等，2012）。农户合作会降低小型水利设施管理的交易成本，提高小型水利设施管理技术效率。

7.3.2 影响因素分析

表 7-4 不同合作行为农户小型水利设施管理技术效率的影响因素

	模型一	模型二
技术效率	系数	系数
年龄	0.021	0.035
性别	−0.028	0.012
受教育年限	0.182***	0.111***
社会资本	0.05**	
社会网络	——	0.0008
社会信任	——	0.041**
社会声望	——	0.033**
社会参与	——	0.036***
水利投入力度	0.075***	0.017***
水价是否合理	−0.139***	−0.13***
是否合作	0.237***	——
常数项	0.77***	0.54***
统计指标	Log likelihood=−227.1	Log likelihood=−90.21
	LR chi2（8）=199.73	LR chi2（8） = 87.89
	Pseudo R^2=0.3906	Pseudo R^2=0.3275
	Prob> chi2 = 0	Prob > chi2 = 0

注：所有计算结果应用 Stata 12.0 软件，采用极大似然估计方法。注："*"，"**"，"***"表示统计检验处于10%、5%和1%显著性水平。

为了寻找引致农户小型水利设施效率差异的深层原因，根据公式（2）计算出影响技术效率的外生变量参数。模型一是包含全部样本的模型，主要用来表征合作及总体社会资本对技术效率的影响程度。在此基础上，本书将社会资本进行分离，进一步分析不同维度的社会资本对技术效率的影响。由表 7-4 可知，两个模型的统计指标都通过了显著性检验，表明模型的结果是可以接受的。

（1）农户个体特征

农户受教育程度处于1%的显著正向水平，表明农户的受教育年龄越长，小型水利设施的管理技术效率越高。这是由于受教育年限的长短直接决定了劳动力质量的高低，进而影响农户对新事物和新知识的接受程度以及农户的经营管理水平和决策能力。受教育程度高的农户对新事物和知识的接受程度高，便于采用新的手段管理小型水利设施，降低小型水利设施的交易成本，显著提高了农户技术效率。

此外，农户年龄未能通过显著性检验，但其方向是正向的，表明农户年龄越大越有利于提高小型水利设施的技术效率。农户的性别也未能通过显著性检验，但其系数表明农户性别对小型水利设施的技术效率有负向影响。

（2）社会资本特征

模型一中，社会资本是农户小型水利设施技术效率提高的重要原因。在分离模型中，社会信任、社会参与、社会声望都对技术效率产生了重要的影响。而社会网络未能通过显著性检验。

社会信任处于5%显著性正向水平，说明农户间社会信任程度越高，农户合作供给效率越高，这是因为农户间的信任，增加个体对合作收益的期望值，降低了参与后失信导致的经济风险和监督成本，使得合作容易达成（Guiso et al.，2009）。

社会声望通过了5%的显著性水平，且方向为正，这表明农户的声望能够降低合作中的监督成本，给农户合作带来正向激励，最终促进技术效率的提高。农户密集沟通和信息交流，降低了机会主义和违约的可能性，培养了社会声望，这种社会声望成为农户修正自己行为的一面镜子，为了不让周围的农户给自己差评，尽全力维护声望且履行合作协议，维持合作的持久性。

社会参与通过了1%的正向显著检验，社会参与程度越高，小型水利设施的技术效率提高得越快，主要是由于社会参与是农户需求表达的重要途径，能够降低合作的成本。较高的社会参与度的农户易于产生一种集体归属感（陈丽琴，2009）。

（3）制度因素

模型一，水利投入力度处于1%的正向显著性水平，表明水利设施投入力度越大，小型水利设施管理技术效率越高。水利投入力度代表的是国家的资金投入情况，国家投入力度越大，越有经济实力保障小型水利设施的正常运行，小型水利设施的技术效率也就相应提高。

制度因素中的水价合理性处于1%的显著性检验水平，这表明水价越合理，农户的小型水利设施管理技术效率越低，可能的原因是小型水利设施的水价合理促使农户满足于现状，而不愿意去深入讨论小型水利设施的管理问题。

（4）组织因素

农户是否参与合作处于1%的正向显著性水平，验证了农户合作供给方式是提高小型水利设施效率的一个重要因素。这是由于农户合作能够有效地减少他们之间的协商和交易成本，合作形成的信任和制约关系能够降低农户对小型水利设施的监督成本和管护成本，提高了小型水利设施管理的技术效率。同时农户合作能够在输水和用水及时性上更好地做出决定，高效解决矛盾冲突和维护灌溉设施，改善了灌溉用水管理（孟德锋、张兵，2010）。

7.3.3 研究结论

通过 Tobit 模型，我们进一步验证了社会资本和合作供给方式在小型水利设施管理技术效率提高中的显著激励作用。除了社会网络，社会信任、社会声望和社会参与都不同程度地对小型水利设施技术效率提高有显著作用。此外，小型水利设施技术效率还受到农户受教育程度、水利投入力度、水费是否合理等因素的影响，与农户年龄、性别的关系并不显著。

7.4　本章小结

作为具有"小农意识"和"理性经济人"的农户，要权衡参与的成本收益才能做出合理的行为选择。而小型水利设施农户合作供给效率的考量也是以此为基础的。但是在现有研究和调查中，小型水利设施的成本和收益的相关数据存在很大收集难度，因此，选用水利设施的管理技术效率表征农户合作供给的运行效率。该部分主要利用陕西省农户调查数据，利用 DEA 模型测度了小型水利设施的技术效率，并运用 Tobit 模型考察了社会资本对小型水利设施的技术效率的影响。基本结论是：农户合作者的小型水利设施管理技术效率为 0.54，明显高于非合作者的技术效率（0.34），合作管理比非合作管理更有效率，同时也表明小型水利设施技术效率具有很大提升潜力。在小型水利设施建设合作过程中，社会资本是影响合作供给效率的主要变量，社会信任、社会声望、社会参与对合作供给效率的影响非常显著。受教育程度、水利投入力度、水费是否合理也是影响小型水利设施合作供给效率的关键变量。

第8章

农户社会资本与社区因素对小型水利设施合作供给的交互作用分析

农村社区是以农户为基础，以长期形成的道德约束、风俗习惯为连接，有一定的边界范围的区域。在区域范围内，小型水利设施供给的制度安排会呈现不同的状态，有的村子陷入霍布斯丛林（即每个人都是其他人的敌人，想尽办法偷抢别人的东西而不被别人偷抢），有的村则出现了奥斯特罗姆描述的人们完全能够自愿合作通过自治实现合作的现象。村庄秩序与集体行动之间存在着某种互动关系，而这种关系又在一定程度上影响到农户个体决策和行为选择。因此，将小型水利设施的合作供给纳入到社区范围内研究，探讨社区因素和农户社会资本的互动机制，对解释村庄集体行动差异有着重要意义。

8.1 理论与现实背景

随着社会经济的发展，农村经济活动组织方式发生变化，农户生活环境也有巨大改变，农户由"熟人社会"向"陌生社会"转变。农村社区的文化与规范也因为农户资源差异而有所区别。由于地理位置、交通条件、经济环境的差异导致不同社区环境下农户对小型水利设施的需求存在差异性，这种异质性的需求直接影响到农户自身合作行为选择。农村社区是一种组织结构，而作为微观层面的农户的行为直接受到组织环境的影响，与此同时，农户的行为选择反过来又会对组织环境产生一定的影响。社会资本可以通过一系列的结构和场域影响农户的思维模式和判断能力，从而影响农户最终的行为选择。因此，将社区环境纳入到农户行为的分析框架，研究农户与农村社区间的互动关系是研究集体行动能否得以实现的重要逻辑线路。其具体思路如下表述。

农村社区的经济环境、民俗风情会影响到农户共同价值观念体系，也会调整社区农户合作行为的公共规范。传统农村形成的共同价值观、行动准则等使得农户容易达成集体行动。在农村社区道德约束能力较强，经济环境较为优良的地区，农户间自组织合作由于有强大的约束、高惩罚因子和正向激励很容易实现。贺雪峰、仝志辉（2002）也强调了当村庄凝聚力强时，农户自发合作组织的意愿也有所增强。而在农村社区风俗破败、经济环境较差的地区，缺乏一致理念和环境约束，试图将分散的农户集结到一起，原子化的农户间的利益难以得到有效的协调，农户间的合作面临着巨大的道德风险，集体行动很难实现。费孝通（1985）在《乡土中国》一书中指出，传统的地缘、血缘和亲缘等形成的惯例、习俗、人情面子观念等影响着人们的合作行为。

因此，将社区环境嵌入到农户行为选择过程中，将假设范围扩大，扩展到社区环境分析框架下，对研究转型时期的农村公共物品供给问题和集体行动问题具有一定的现实意义。

农户"一事一议"、农户自发组织投资是解决公共物品供给的重要途径（高庆鹏、胡拥军，2013）。从水利设施供给主体看，农村小型水利设施由农村社区农户合作供给能够将共同利益目标的农户连接起来，有效整合农户的用水需求，充分实现农户自身资源控制的自主性和参与性，解决水利设施供给不足。现实中有些村能够通过合作供给提供小型水利设施，实现高效用水目标，但是部分村通过合作供给提供小型水利设施却困难重重，难以将分散的农户融合到一起，且出现了"搭便车"和用水纠纷等各种问题，这种"集体选择困境"引起了学者的广泛关注，他们通过实证研究识别影响农村社区小型水利设施合作供给的因素，试图解释"集体选择困境"现象的成因。吴理财、李芝兰（2003）分析得出从特定的环境中研究灌溉合作供给困境更具有现实性。因此，将中国乡土社会特殊的社会结构纳入农村社区小型水利设施合作供给研究框架，借助嵌入社会结构阐释农户行为作用机理显得尤其重要。孔祥智、涂圣伟（2006）得出村庄因素是影响农户公共物品供给的关键因素。部分学者围绕社区因素如村庄发展水平、村庄规模、村庄密度和村庄社会关联度，研究村庄因素对农户合作供给的影响（卫龙宝等，2011）。陈宇峰、胡晓群（2007）进一步从嵌入性与社会网络的视角分析民间供给农村公共产品的可能性；李冰冰、王曙光（2013）运用 OLS 模型对社会资本、乡村公共品供给和村庄治理的关系进行了分析，得出现农户的社会资本高能够提供公共物品供给参与积极性，并探讨了村庄特征对参与性的影响。

但现有研究主要采用 Logit 或 Probit 模型，仅从个体差异或社区变量某一类变量探讨其对合作供给的影响。尚未回答"为什么有的村合作得以实现，而有的村农户合作几乎是难于上青天"的问题。农户是在特定的社区环境中生活的，在典型的"人情社会"的农村社区，农户的行为极易受到当地社区经济发展水平、风气和制度环境等的约束。本质上，合作供给是农户在特定的社区环境条件下做出的行为选择过程，社区环境因子（如经济发展水平、社会环境、村规民俗等因素）将对农户合作行为产生极其重要的影响，并和农户个体因素交互作用，共同影响农村社区小型水利设施合作供给，而目前关于社区层面和农户层面交互作用影响农村社区小型水利设施合作供给的研究非常有限（王昕、陆迁，2012）。

基于以上背景，本章运用二层线性模型，利用陕西省 890 户农户的调查数据，重点考察这两大类因素在影响农户决策行为中存在何种互动关系，社区要素中哪些变量对农户个体效应产生抑制作用，哪些对农户个体效应产生强化作用，筛选出激励农户合作行为的"选择性激励因子"，最终为促进农村社区小型水利设施合作供给的政策制定提供实证依据。

8.2　模型构建和数据来源

8.2.1　模型选择

本部分拟利用分层模型（HLM）来分析和检验农村社区和农户个体特征差异两个层次变量对合作行动的互动影响。选择分层模型的理由是可以在一个模型中通过嵌套子模型来对农村社区和农户个体特征两个层次的变量影响效果进行分析，从合作行为的角度展示农户社会资本特征变量和社区变量相互影响的复杂互动机制，更能贴近现实。二层线性模型可以突破正态、线性、方差齐性和样本独立性等传统假设的限制，提高不同层面交互影响估计的精确性。本书考察农户小型水利设施的合作意愿，即愿意合作或不愿意合作，由于因变量是个二分类变量，因此，选择广义分层线性模型中的 Bernoulli 模型进行实证研究。模型说明如下：

（1）随机效应的单因素方差分析

随机效应的单因素方差分析，就是将个体层次模型和社区层次模型都不纳入到自变量，也被称为零模型。目的是确定分层模型的适用性及个体因素和社区因素对合作意愿的解释程度。具体表达式为：

农户个体层次：

$$prob(will_{ij} = 1 / \beta_j) = \phi_{ij} \tag{1}$$

$$\log[\phi_{ij} / (1 - \phi_{ij})] = \eta_{ij} \tag{2}$$

$$\eta_{ij} = \beta_{0j} + r_{ij} \qquad (3)$$

社区层次：

$$\beta_{0j} = \gamma_{00} + u_{0j} \qquad (4)$$

模型组合为：

$$\eta_{ij} = \gamma_{00} + u_{0j} + r_{ij} \qquad (5)$$

其中，$will_{ij}$ 代表 j 个村庄的第 i 个农户的合作意愿，$will_{ij}=1$ 为愿意合作。根据该模型的农户个体层次计算的方差分量为（$var(r_{ij}) = \sigma^2$），反映的是农户个体差异，社区层次的方差分量为（$var(u_{0j}) = \tau^2$），表示的是社区间差异，由此，可以计算组间相关系数 $\rho = \dfrac{\tau^2}{\sigma^2 + \tau^2}$，表示的是社区层面的方差在所有影响因素的总方差中所占比例，反映的是社区因素对合作意愿的解释程度，系数越大，则社区因素的解释程度越高。

（2）随机截距模型

该模型假定因变量的截距随着群体而异，但各群体的回归斜率是固定的。本书将社区因素及随机变量加入其中，通过嵌入模型，探讨个体层面和社区层面不同变量对合作意愿的作用，考察的是两个层次变量对因变量的影响是独立的。具体统计模型如下：

农户个体层面：

$$prob(will_{ij} = 1 / \beta_j) = \phi_{ij} \qquad (6)$$

$$\log[\phi_{ij} / (1 - \phi_{ij})] = \eta_{ij} \qquad (7)$$

$$\eta_{ij} = \beta_{0j} + \beta_{1j}x_{1ij} + \beta_{2j}x_{2ij} + \ldots + \beta_{Pj}x_{Pij} + r_{ij} \qquad (8)$$

社区层面：

$$\beta_{0j} = \gamma_{00} + \gamma_{01}W_{1j} + \gamma_{02}W_{2j} + \ldots + \gamma_{0Q}W_{Qj} + u_{0j} \qquad (9)$$

$$\beta_{1j} = \gamma_{10}, \beta_{2j} = \gamma_{20}, \dots, \beta_{Pj} = \gamma_{P0} \qquad (10)$$

组合模型：

$$\eta_{ij} = \gamma_{00} + \gamma_{01}W_{1j} + \gamma_{02}W_{2j} + \dots + \gamma_{0Q}W_{Qj} \\ + \gamma_{1j}x_{1ij} + \gamma_{2j}x_{2ij} + \dots + \gamma_{Pj}x_{Pij} + u_{0j} + r_{ij} \qquad (11)$$

（3）随机斜率模型

该模型根据个体层次方程中变量的斜率加入解释变量和随机效应项。β_{Pj} 为测度不同层面影响因素的交互作用，构建模型如下：

$$\beta_{pj} = \gamma_{p0} + \sum_{q=1}^{S_p} \gamma_{pq}W_{qj} + u_{pj}(p=0,\dots,P) \qquad (12)$$

随机斜率模型主要考察的是两个层次间变量的相互作用对因变量的影响，即交互项的影响，可以反映出合作行为在农户层次和社区层次的影响方向、效应及强度。模型参数估计和检验使用 HLM6.01 软件来进行，数据进行平均对中处理。

8.2.2 变量说明

（1）农户层次变量的拣选

已有研究表明农户个人特征变量如性别、职务、收入、受教育程度等对农户决策有显著影响（朱红根等，2010；张宁等，2012）。农户行为还受到社会资本的影响。埃莉诺·奥斯特罗姆（2000）通过对尼泊尔 150 个灌溉系统的经验性研究，发现农民能够利用社会资本克服"集体行动"中搭便车问题，实现水利设施的合作供给。Durlauf et al.（2004）也指出，社会资本可以使集体成员消除彼此间的不信任，达成集体行动主体间的合作，使成员为实现集体利益努力。因此，社会资本是农村小型水利设施合作供给的重要解释变量。社会资本本质上是以网络资源为运作基础，以信任、声望和参与为核心要素（陆迁、王昕，2012），本部分将重点从社会网络、社会信任、社会声望、社会参与四个维度考察农户社会资本结构对农村小型水利设施合作意愿的影响。在研究中，农户不同维度的社会资本无法直接观察到，拟采用潜变量方法，用显化指标表征和观测不同维度的社会资本，选用的社会资本数值的过程可详见第三部分。

（2）社区变量的选择

合作供给是农户在特定的社区环境条件下做出的行为选择过程，社区环境因子将对农户合作行为产生重要的影响。综合卫龙宝等（2011）学者的相关研究，结合调查农村社区小型水利设施的供给环境，选取村庄地形、经济发展水平、用水环境、村中风气表征社区特征。具体设计指标为：

① 村庄地形，按照传统的分类方法，将村庄地形分为平原、山地和丘陵。地形开阔的地方小型水利设施的建设容易，而山地因水资源获取困难受地理条件限制，导致农户对水利设施的需求旺盛，因此会增进农户合作的欲望。

② 经济发展水平，按照从低到高的 1-5 打分法度量；张林秀等（2005）实证分析得出村庄经济发展水平是影响供给的重要因素。农村社区的经济发展水平直接代表了当地公共产品供给的替代水平，如果经济水平较高，则小型水利设施的供给可能由村集体提供，而农户自发参与合作的积极性较低。

③ 用水环境主要是用问题"您所在的村经常发生用水纠纷吗"衡量，用经常到从不 1-5 打分赋值。调查表明，农户用水纠纷是小型水利设施使用过程中遭遇的典型问题，由于水利设施有限，农户需要先和设施管理人员协商，确定排队和等待时间。但等待往往错过了最佳的灌溉时间，遭受经济损失。为了保障自己的用水利益，村民会争先抢用有限的水利设备，这种行为会弱化农户间的社会资本积累，农户合作供给下降。

④ 村中风气用"您所在村人和人间的关系怎么样"衡量，用非常不融洽到非常融洽 1-5 打分赋值。人际关系的好坏直接映射出农村社区道德规范和内部凝聚力的强弱。良好的村中风气，带来的是村中高度的自我道德约束和凝聚力，会加速农户社会资本的积累，降低制度成本，农户合作变得更加容易。

8.2.3 数据来源及描述性统计

8.2.3.1 数据来源

本数据来源于课题组 2011 年 4—6 月和 2012 年 3—5 月的实地问卷调查。调查问卷主要有两类,一类是涉及了农户及农户社会资本等相关个体特征调查问卷;一类是村庄特征的调查问卷,主要包括村庄的经济结构、村庄类型、农业收入和村庄风气等内容,调查对象为村长或村支书。本次调查问卷共 1000 份,其中收回问卷共 1000 份,有效问卷为 890 份,问卷有效率为 89%;发放村庄问卷 40 份,回收问卷 40 份,有效问卷为 32 份,问卷有效率为 80%。

8.2.3.2 社区基本特征的描述性统计

由表 8-1 可知,调查村庄的地形主要以平原为主。村庄的整体用水环境处于中等水平,用水纠纷发生情况并非比较频繁,较少出现村庄间的偷水现象。调查村庄的经济发展相对落后。调查中,部分以农业为主的村庄务农农户外出打工,导致农地撂荒,制约经济发展,以集体经济为主的村庄难以应对日趋激烈和专业化的市场竞争,出现衰退现象。村庄人与人的关系相对融洽,调查样本数据表明,尽管市场分化、土地流转加速了农户间的差异和分化,但是长期形成的村庄秩序和道德观依然表现明显。

表 8-1 社区描述性统计

指标	最大值	最小值	平均值	标准差
村庄地形	2	1	1.03	0.18
用水环境	4	1	2.88	0.94
经济发展	4	1	2.66	0.9
村中风气	4	3	3.66	0.48

8.3 农户社会资本与社区因素对合作供给影响的实证分析

运用二层线性模型，使用 HLM6.01 软件，采用有限制的最大似然估计方法对模型进行估计，具体结果见表 8-2 和表 8-3。

8.3.1 随机效应的单因素方差分析

表 8-2 随机效应的单因素方差分析

固定效应	系数	标准差
合作意愿	0.59	0.06
随机效应	方差成分	P 值
社区层次方差	0.11	0.000
农户个体层次方差	0.15	
组间相关系数	0.423	
可靠性	0.919	

可靠性衡量的是估计模型与真实情况的接近程度，反映的是误差的方差情况，与方差大小成反比。误差方差情况与模型模拟的真实性十分相关。一般来讲，可靠性大于 0.5 都是可以接受的。随机效应单因素方差分析的结果中，合作意愿的社区差异为 11%，社区内不同农户的差异为 15%，组间相关系数为 0.423，通过 1% 的显著性检验，表明社区间的合作意愿存在显著差异，而且农户间的合作行为选择有 42.3% 的差异是由于社区环境的不同导致的。因此，分析农村小型水利设施合作供给纳入社区变量具有一定的科学性和合理性。

8.3.2　交互作用的实证结果分析

通过计算公式（11）和（12），估计各自变量系数，可以反映出合作行为在农户层次和社区层次的影响方向、效应及互动作用。具体如表8-3所示。

社会网络反映的是农户的资源动员能力。社区层次的斜率系数模型中除村庄地形和经济发展通过了显著性检验，其他的变量不显著。结果表明，社会网络总效应的斜率（G10）是正值，意味着社会网络规模越大，农户间的合作意愿增强，社会网络增加1单位，农户间的合作意愿增强5%。同时，这一总效应还受到村庄地形和经济发展的影响，表明地形越平坦，社会网络效应会弱化农户合作的意愿，可能是由于平坦地区水源汲取更为便利，有其他途径解决用水问题；经济发展水平使得社会网络效应的斜率又增加了0.56，强化了农户的合作意愿。

社会信任反映的是农户间的信任程度。社区层次的斜率系数模型中，各变量未能通过显著性检验。社会信任总效应的斜率（G20）是正值，从系数上看，社会信任仍然能够通过社区层次的互动带来合作意愿的提高。但未能通过显著性检验，可能是由于农户信任差异性相互抵消，导致不显著。

社会声望反映的是农户被尊重的程度。社区层次的斜率系数模型中村庄地形、用水环境和经济发展通过了显著性检验，其他变量未能通过显著性检验。社会声望总效应的斜率（G30）是正值，表明社会参与程度每提高1%，农户的合作意愿增加10%。这种效应受到经济发展的正向影响，但会受到村庄地形和用水环境的抑制。

社会参与总效应的斜率（G40）通过了显著性检验且符号为正，说明社会参与提高，会增强农户的合作意愿。社区变量中村庄地形通过了显著性检验，表明社区因素中社会参与会因村庄地形的平坦强化合作意愿，与预期假设不一致这可能的原因是平坦地区地理位置临近，为农户集体治理和民主自治提供便利条件，长期的诉求表达会驱使农户合作。

表 8-3　交互作用的估计结果

固定效应估计	系数	显著性	固定效应估计	系数	显著性
农户层次　社会网络　斜率, B1			农户层次　社会声望　斜率, B3		
社区层次　截距, G10	0.05	0.790	社区层次　截距, G30	0.1	0.495
村庄地形, G11	−2.45	0.057	村庄地形, G31	−1.82	0.038
村中风气, G12	0.49	0.256	村中风气, G32	−0.17	0.647
用水环境, G13	0.12	0.553	用水环境, G33	−0.36	0.031
经济发展, G14	0.56	0.022	经济发展, G34	0.5	0.016
农户层次　社会信任　斜率, B2			农户层次　社会参与　斜率, B4		
社区层次　截距, G20	0.08	0.678	社区层次　截距, G40	0.70	0.000
村庄地形, G21	0.1	0.942	村庄地形, G41	0.12	0.000
村中风气, G22	−0.26	0.94	村中风气, G42	0.12	0.684
用水环境, G23	−0.14	0.47	用水环境, G43	0.19	0.207
经济发展, G24	0.29	0.175	经济发展, G44	−0.22	0.273

8.4　结论

应用分层线性模型对陕西省小型水利设施建设重点县调查数据进行了分析，探索农户小型水利设施合作供给在农户层面和社区层面的影响因素及二者的互动机制。主要研究结论如下：

（1）随机效应的单因素模型结果表明：村庄间的合作意愿差异较大，个体间的合作行为有 42.3% 的变异是由社区环境不同而导致的，社区环境对农户合作意愿有显著影响，验证了分层模型的合理性和必要性。当前，农户合作意愿在社区层次的方差几乎占到全部方差的一半。

（2）通过解释性二层线性模型的分析，本书对合作意愿在个体层次和社区层次的影响因素及互动机制进行了初步探索。层次模型结果表明合作意愿受到个体层次因素和社区层次因素的影响，并且两层次间存在一定的互动关系。分析发现：社区因素对个人社会资本特征效应作用方向不一，并且还发现同一社区因素通过对不同社

会资本特征效应的增强或削弱，往往同时存在对合作意愿不同方向
的影响。

8.5 本章小结

中国农村社区是基于传统的"熟人社会"观念，以地缘、亲缘、
血缘为纽带，以农业生产为基础的，村庄社区内成员有很强的认同
感，而且在共同的经济条件、交通条件、社会习惯、文化风俗等因
素的条件下，将分散的农户连接起来，使得农户的联系更加紧密。
嵌入到农村社区环境中去分析农户行为，可以有效解释不同村庄集
体行动成败的差异。利用线性分层模型，厘清影响农户合作行为的
社会资本因素和社区因素，明确两类因素间的互动关系，进一步挖
掘社会资本在社区环境下的激励作用，考察社会资本不同维度对农
户合作行为的影响。农户合作行为选择不仅受到个体特征的影响，
还与社区环境有关系。社会资本不同维度在社区环境的作用下对合
作行为的作用方向不一。

第9章

结论、政策建议与研究展望

9.1 结论

本书基于社会资本视角，梳理现有社会资本文献后，将农户社会资本分为社会网络、社会信任、社会声望、社会参与四个维度，采用对陕西省咸阳市三原县 890 户农户的入户调查数据，并利用因子分析方法测度指标权重，最终将各维度赋权加总形成农户社会资本指数。以农村社区小型水利设施为研究对象，指出现存小型水利设施的合作供给存在精英农户难以形成、异质性农户需求难以协商、供给效率低下等问题。在此基础上，利用计量经济学模型实证分析了小型水利设施合作建设过程中合作发起和组织运行，重点从社会资本角度考察了农户面对小型水利设施合作供给不足情况的行为响应，回答了农户是否愿意合作、如何合作；是否愿意支付、如何支付；农户合作后的效率如何等问题。最终将农户个体特征纳入到社区环境，探讨农户特征和社区特征的交互作用机制，解释不同村庄农户合作差异的原因。得出如下结论：

（1）通过文献梳理，利用因子分析方法从社会网络、社会信任、社会参与和社会声望构建农户社会资本指数具有合理性和可行性，为文章的进一步研究提供了工具。农户社会资本具有：农户社会网络并没有显著的差异，而且农户的社会网络规模较小；农户社会信任处于较低的水平，农户间信任程度不高，农户的声望较高，但社会参与度较低，社会资本整体水平不高等特征。

（2）在阐明小型水利设施合作供给困境的基础上，利用 Logistic 模型分析，发现农户小型水利设施合作供给意愿受到社会资本的显著正向影响。在社会资本的不同维度中，社会网络和社会参与均对小型水利设施合作供给有显著的正向影响。

（3）社会资本通过不同维度对合作实施进行监督和制约，保障合作顺利进行。小型水利设施建设合作支付行为研究发现，社会资本的不同维度对其支付意愿和支付金额影响具有差异性，其中，社会网络程度每增加 1%，农户支付意愿增加 12.7%，但对支付金额影响不大；社会声望程度每增加 1%，农户支付金额增加 3%；社会参与每增加 1%，农户支付意愿增加 15.9%，农户意愿支付金额增加 5.5%。农户成本分担偏好按照由低到高排列为：按照水利工程构件分担<按照个人收入分担<按照劳动力人口分担<按照灌溉面积分担。利用 CVM 模型测算出农户最大支付意愿为投入的 36.7%。

（4）社会资本能够通过降低成本提供合作供给效率。利用 DEA 模型进行效率测度发现，合作比非合作更有效率，农户合作者的小型水利设施管理技术效率为 0.54，明显高于非合作者的 0.34 的技术效率。通过 Tobit 模型，进一步验证了合作供给方式在小型水利设施管理技术效率提高中的显著激励作用。社会资本是影响合作供给效率的关键变量，社会信任、社会声望、社会参与对合作供给效率的影响非常显著。

（5）个体社会资本与农村社区存在交互影响关系。运用多层线性模型（HLM）对村庄和个体互动作用机制进行研究，发现村庄间的合作意愿差异较大，个体间的合作行为有 42.3%的变异是由于社区环境不同导致的。此外，社区因素对个人社会资本特征效应作用方向不一，并且还发现同一社区因素通过对不同社会资本特征效应的增强或削弱，往往同时存在对合作意愿不同方向的影响。

9.2 政策建议

小型农田水利设施直接关系到农户的条件灌溉用水效率和粮食安全。现有小型水利设施投资不足，难以满足分散化农户的大量需求，农户合作供给成为一种有效的供给方式，能够缓解现有小型水利设施供给不足的压力。作为表征农户异质性的关键变量——社会资本，在小型水利设施合作组织过程中承担着重要的角色。因此，本书在分析小型水利设施供给现状的基础上，从社会网络、社会信任、社会参与和社会声望四个维度构建社会资本指数，测度现有农户的社会资本特征，并进一步实证分析了社会资本在整个农户合作组织发起、形成和实施过程中的作用；同时，将农户行为嵌入到农村社区视角进行研究，厘清社会资本与农村社区的相关因素间的互动影响，从更广阔的场域考察农户小型水利设施合作供给行为问题。而利用社会资本构建农户合作组织，缓解小型水利设施供给不足是新农村建设的重要内容。根据本书的研究结论，对激励农户合作自发供给公共物品给出如下的政策启示。

9.2.1 营造有利环境引导农户合作

西北地区是典型的干旱缺水的地区，农业产量严重依赖灌溉用水，尤其是田间地头的小型水利设施。为了缓解水资源紧缺对农业发展的制约，必须兴建小型水利工程。虽然中央政府下大力气为进行小型水利设施建设增加资金投入，但是这种自上而下的投入难以满足农户的用水需求，小型水利设施的供给短缺仍然是农村生活需要解决的一大难题。因此，保证小型水利设施正常供给的重要方面是充分调查农户的积极性，明确责任主体，采用农户自主合作的创新方式。小型水利设施合作供给的基础和核心就是要构建合理的产权制度，确立合作组织成员市场主体地位，降低搭便车、机会主义行为，降低由于农户间的异质性而产生的较高的委托—代理成本。清晰明确的产权确定能够有效地协调农户间的权、责、利关系，对合作组织的成员形成良好的激励和约束机制。政府通过资金扶持、低息贷款、培训教育等方式提供必要的政策支持，为农户合作营造有利环境。

9.2.2　加强社会资本建设和培育

农户作为"理性经济人"，在合作过程中容易出现合作动机不纯和"搭便车"的行为，因此，小型水利设施合作供给需要发挥非制度因素的作用。由于社会资本的积累不受资金限制，同时能降低交易成本，成为激励农户有效合作的最经济的方式。农村社会资本合理建设是保障农民自发合作发展、促进经济发展的基础。随着小农经济和市场经济的开放，原来"熟人社会"之间的合作与信任方式受到冲击，农户个体选择偏好于自身经济理性，传统社会交往和市场交易规则因此受到了侵蚀，部分农村社区出现了道德文化的沦丧和缺失，难以将农户为了某种共同的利益而连接在一起。因此，需要通过多种途径重构农村社会资本，将社会资本作为规范农民行为、约束和形成良好的价值观念的纽带，构建社区内部的凝聚力。主要的实施途径就是通过维护现有的社会资本，培育农户间的新的社会资本，强化社会资本的建设。

通过组织多种形式的联谊活动、培训活动，改善农民之间与外界的信息交流，构建交流型组织环境，形成广泛的社会关系网络，降低信息的不对称性和风险性；进行精神文明建设和诚信意识的宣传，形成社会主义诚信观，减少投机心理和搭便车行为；完善社区农户的激励约束制度，通过物质激励、声誉激励等方式建立良好的声望表达机制，对农户自发合作形成有效激励；鼓励农户提高参政议政的能力，激发农户对共同体价值的认同和公共规范，培育参与的公共精神，利用树立核心价值观、"一事一议"等手段增加农户的社会资本存量，规范农户的合作行为。

9.2.3　培育和发展农村精英农户队伍

农村精英农户在农村建设和农户合作组织形成和发展中扮演着关键性角色，起到核心作用。农户合作发起阶段，需要由核心人物对拥有共同意愿的农户进行号召和整合，因此，培育和发展农村精英队伍是解决小型水利供给不足、集体行动弱化的重要途径。首先，加大教育培训力度，提高农民的知识水平和身体素质，为农村精英队伍建设奠定基础，提高其自愿贡献的意愿和积极性；其次，通过针对性的政治参与和公共政策设计，提高精英农户的参与能力和自治主动性；最后，引进人才，制定相关的制度来规范和大力发展农村精英队伍建设。

9.2.4　构建合理的成本分担和利益分配机制

成本分担和利益分配机制是解决农户合作供给的重点，也是决定农村合作效率的关键因素。由于农户的效用函数不同，异质性农户的行为偏好和社会资本有所差异，导致合作成本的分担是否合理直接影响到异质性农户的收入，从而影响农户参与积极性，进一步影响到农户供给效率。探讨满足差别农户需求的成本分担和比例协调机制，是维系农户合作关系的纽带，能够激励农户合作行为，保障水利设施组织和运营的可持续性。在构建相关成本分担机制时，应根据农村实际，坚持公平与效率原则，合理安排农村小型水利设施建设与维护的成本分担，确定合作范围内农户的成本筹资比例，激励用水农户更大范围实现集体行动。

农户参与小型水利设施合作的原因是有利可图，希望参与合作能够获得更多的利益：可以充分地使用小型水利设施，解决其灌溉用水的需求，减少等待成本和拥挤成本；由于参与了小型水利设施的建设可以惠及他人，能够获得村子里其他人的好评；积累了村庄中的人脉，获取了更多的调控资源的能力；能够强化其在村中的存在感和荣誉感。但目前农户在参与合作中的利益效果并不明显，有些农户由于参与合作的收效低于自己预想的结果而选择中途退出，所以要通过宣传、鼓励等手段，建立完善的利益分配机制，鼓励农户长久实现集体行动。

9.2.5 强化社区环境建设

小型水利设施的合作供给是嵌入到农村社会的社会结构与关系网络之中的，要充分发挥农村社区组织的约束作用，重点要加强环境建设。现实调查中发现，农民自发合作意识较为淡薄，社区文化较为落后。因此，需要大力进行农村社区文化建设，通过文化下乡、图书下乡等方式宣扬中华民族的传统美德，加强行为的社会性和文化性，构建宽松的交流环境，通过非富多彩的村庄活动打造社区和谐氛围，扩展农户的网络范围和资源控制能力，强化农民的集体意识和利他主义意识，减少监督成本。通过多种途径构建和谐社区，增强社区的凝聚力和农户参与积极性。

在调查中，我们还发现，社区的经济发展也会影响到小型水利设施的合作。因此，充分借助财政、民间投资的力量，完善社区的经济环境建设。同时，发起以村政府为主导的招商引资活动，借助非正式组织的捐赠，促进农村社区资金积累，实现社区经济发展，为小型水利设施的供给提供可靠的资金支持。

9.3 进一步研究展望

基于社会资本及其结构的视角对小型水利设施农户合作供给行为进行研究和探讨，是极具现实意义的工作。本书希望通过此研究揭示在农村社区小型水利设施合作供给组织的实现过程中社会资本的作用机理。然而，由于本人时间和精力有限，对农村社区小型水利设施合作供给研究还存在不足，有待进一步研究和完善：

（1）在研究样本的选择上，本书仅以陕西省咸阳市为例，重点考察干旱地区。但实际上，不同类型区域的小型水利设施的建设条件有很大差异，农户对水利设施的需求呈现异质特征，因此，对其他地区小型水利设施农户合作供给研究还有待进一步深化。比较不同类型区农户小型水利设施的合作供给是我们需要进一步研究的问题。

（2）在研究的内容上，小型水利设施的合作供给本质上是农户权衡合作成本和收益的过程，而关于农户具体的合作成本如何、如何量化农户间合作形成过程中的监督成本、协商成本等成本，如何度量小型水利设施合作带来的收益等是我们下一步需要回答的问题。

显然，小型水利设施农户的自发合作供给是减轻政府负担、满足农户灌溉用水需求的重要途径。随着经济的发展和土地流转、新农村建设等农村各项改革的深入推进，农村小型水利设施合作供给的理论和实践研究将更加丰富。

参考文献

[1]埃莉诺·奥斯特罗姆. 公共事务的治理之道[M]. 上海：上海三联书店，2000.

[2]边燕杰. 城市居民社会资本的来源及作用：网络观点与调查发现[J]. 中国社会科学，2004（3）：136～146.

[3]边燕杰，丘海雄. 企业的社会资本及其功效[J]. 中国社会科学，2000（2）：87～99.

[4]卜长莉. 社会资本的负面效应[J]. 学习与探索，2006（2）：54～57.

[5]曹红斌，张郡，李强，蒋瑜，金子慎治. 贵阳市居民生活供水状况改善的支付意愿[J]. 资源科学，2008（10）：1478～1483.

[6]曹乾，杜雯雯. 健康的就业效应与收入效应：基于 Heckman 两步法模型的检验[J]. 经济问题探索，2010（1）：134～138.

[7]柴盈，曾云敏. 管理制度对我国农田水利政府投资效率的影响——基于我国山东省和台湾省的比较分析[J]. 农业经济问题，2012（2）：56～64+111.

[8]陈丽琴. 农村公共空间的退缩与女性的政治参与——对湖北省 S 村公共空间的分析与思考[J]. 中华女子学院学报，2009（3）：64～68.

[9]陈潭，刘建义. 集体行动、利益博弈与村庄公共物品供给——岳村公共物品供给困境及其实践逻辑[J]. 公共管理学报，2010（3）：1～

9+122.

　　[10]陈武平. 公共产品成本的一种分配机制及其实验验证[J]. 厦门大学学报（哲学社会科学版），2000（1）：70～74.

　　[11]陈锡文. 抓住水利薄弱环节夯实"三农"发展基础[N]. 农民日报，2011-01-28.

　　[12]陈永新. 中国农村公共产品供给制度的创新[J]. 四川大学学报（哲学社会科学版），2005（1）：5～9.

　　[13]陈宇峰，胡晓群. 国家、社群与转型期中国农村公共产品的供给——一个交易成本政治学的研究视角[J]. 财贸经济，2007（1）：63～69.

　　[14]崔宝玉，张忠根. 农村公共产品农户供给行为的影响因素分析——基于嵌入性社会结构的理论分析框架[J]. 南京农业大学学报（社会科学版），2009（1）：25～31.

　　[15]崔宝玉，张忠根，李晓明. 资本控制型合作社合作演进中的均衡——基于农户合作程度与退出的研究视角[J]. 中国农村经济，2008（9）：63～71.

　　[16]戴亦一，刘赟. 社会资本存量估算中永续盘存法的应用研究——基于社会资本估算的国民核算视角[J]. 厦门大学学报（哲学社会科学版），2009（6）：41～47.

　　[17]戴维·波普诺. 社会学（第十版）[M]. 中国人民大学出版社，1999.

　　[18]董磊明. 农民为什么难以合作[J]. 华中师范大学学报（人文社会科学版），2004（1）：9～11.

　　[19]杜威漩. 准公共物品视阈下农田水利供给困境及对策[J]. 节水灌溉，2012（7）：63～65.

　　[20]费孝通. 乡土中国[M]. 北京：人民出版社，1985：9～15.

　　[21]福朗西斯·福山. 信任——社会道德与繁荣的创造[M]. 呼和浩特：远方出版社，1998.

　　[22]符加林，崔浩，黄晓红. 农村社区公共物品的农户自愿供给——基于声誉理论的分析[J]. 经济经纬，2007（4）：106～109.

[23]高庆鹏，胡拥军. 集体行动逻辑、乡土社会嵌入与农村社区公共产品供给——基于演化博弈的分析框架[J]. 经济问题探索，2013（1）：6～14.

[24]顾新，郭耀煌，李久平. 社会资本及其在知识链中的作用[J]. 科研管理，2003（5）：44～48.

[25]桂勇，黄荣贵. 社区社会资本测量：一项基于经验数据的研究[J].社会学研究，2008（3）：122～142.

[26]郭善民，王荣. 农业水价政策作用的效果分析[J]. 农业经济问题，2004（7）：41～44.

[27]韩俊等. 国务院发展研究中心"完善小型农田水利建设和管理机制研究"课题组[J]. 改革，2011（8）：5～9.

[28]贺雪峰. 熟人社会的行动逻辑[J]. 华中师范大学学报（人文社会科学版），2004（1）：5～7.

[29]贺雪峰，郭亮. 以农田水利的利益主体及其成本收益分析——以湖北省沙洋县农田水利调查为基础[J]. 管理世界，2010（7）：86～97+187.

[30]贺雪峰，罗兴佐. 乡村水利与农地制度创新[J]. 管理世界，2003（9）：76～88.

[31]贺雪峰，罗兴佐. 论农村公共物品供给中的均衡[J]. 经济学家，2006（1）：62～69.

[32]贺雪峰，仝志辉. 论村庄社会关联——兼论村庄秩序的社会基础[J]. 中国社会科学，2002（3）：124～134+207.

[33]贺振华. 转型时期的农村治理及宗族：一个合作博弈的框架[J]. 中国农村观察，2006（1）：24～29.

[34]胡荣. 社会资本与中国农村居民的地域性自主参与[J]. 社会学研究，2006（2）：61～85.

[35]胡拥军，毛爽. 农村社区公共产品合作供给的决策机制——基于"熟人社会"的博弈框架[J]. 兰州学刊，2011（1）：176～180.

[36]黄珺. 信任与农户合作需求影响因素分析[J]. 农业经济问题，2009（8）：45～49+111.

[37]黄珺，顾海英，朱国玮. 中国农户合作行为的博弈分析和现实阐释[J]. 中国软科学，2005（12）：60～66.

[38]黄璜. 基于社会资本的合作演化研究——"基于主体建模"方法的博弈推演[J]. 中国软科学，2010（9）：173～184.

[39]黄岩，陈泽华. 信任、规范与网络：农民专业合作社的社会资本测量——以江西S县隆信渔业合作社为例[J]. 江汉论坛，2011（8）：9～14.

[40]黄祖辉，扶玉枝. 合作社效率评价：一个理论分析框架[J]. 浙江大学学报（人文社会科学版），2013（1）：73～84.

[41]惠恩才. 我国农村基础设施建设融资研究[J]. 农业经济问题，2012（7）：63～69.

[42]贾康，孙洁. 农村公共产品与服务提供机制的研究[J]. 管理世界，2006（12）：60～66.

[43]贾先文. 社会资本嵌入下公共服务供给中农民合作行为选择[J]. 求索，2010（7）：53～55.

[44]科尔曼. 社会理论的基础[M]. 北京:社会科学文献出版社，1990.

[45]孔祥智，涂圣伟. 新农村建设中农户对公共物品的需求偏好及影响因素研究——以农田水利设施为例[J]. 农业经济问题，2006（10）：10～16.

[46]李冰冰，王曙光. 社会资本、乡村公共品供给与乡村治理——基于10省17村农户调查[J]. 经济科学，2013（3）：61～71.

[47]李惠斌，杨雪冬. 社会资本与社会发展[M]. 北京：社会科学文献出版社，2000.

[48]李军. 乡村精英：农村社会资本内生性增长点[J]. 调研世界，2007（3）：28～30.

[49]李琼，游春. 民间协会的集体行动——以"管水协会"为例的分析[J]. 农业经济问题，2007（7）：41～45.

[50]林万龙. 农村公共产品多元化供给模式与政策影响因素:基于实证调研的总结[J]. 中国农业经济评论，2007（3）：11+255～265.

[51]刘法威. 产权认知、组织信任与农户入股意愿——成都市统筹城乡改革的实证研究[J]. 生态经济（学术版），2011（1）：299～302.

[52]刘鸿渊，史仕新，陈芳. 基于信任关系的农村社区性公共产品供给主体行为研究[J]. 社会科学研究，2010（2）：152～159.

[53]刘辉，陈思羽. 农户参与小型农田水利建设意愿影响因素的实证分析——基于对湖南省粮食主产区 475 户农户的调查[J]. 中国农村观察，2012（2）：54～66.

[54]刘佳，吴建南，吴佳顺. 省直管县改革对县域公共物品供给的影响——基于河北省 136 县（市）面板数据的实证分析[J]. 经济社会体制比较，2012（1）：35～45.

[55]刘炯，王芳. 多中心体制：解决农村公共产品供给困境的合理选择[J]. 农村经济，2005（1）12～14.

[56]刘力，谭向勇. 粮食主产区县乡政府及农户对小型农田水利设施建设的投资意愿分析[J]. 中国农村经济，2006（12）：32～36.

[57]刘生龙，胡鞍钢. 基础设施的外部性在中国的检验：1988—2007[J]. 经济研究，2010（3）：4～15.

[58]刘铁军. 小型农田水利设施建设研究[J]. 华北水利水电学院学报（社科版），2004（3）：1～14.

[59]刘宇翔. 农民合作组织成员参与管理的意愿与行为分析——以陕西省为例[J]. 农业技术经济，2011（5）：78～86.

[60]刘赟. 社会资本与经济和谐发展的理论研究[J]. 山西财经大学学报，2009（6）：1～6.

[61]刘赟. 中国农村居民收入差异的实证分析——基于社会资本的研究视角[J]. 经济与管理研究，2010（7）：102～109.

[62]陆迁，王昕. 社会资本综述及分析框架[J]. 商业研究，2012（2）：141～145.

[63]骆永民. 中国城乡基础设施差距的经济效应分析——基于空间面板计量模型[J]. 中国农村经济，2010（3）：60～72+86.

[64]吕俊. 小型农田水利设施供给机制：基于政府层级差异[J]. 改革，2012（3）：59～65.

基于社会资本视角的农村社区小型水利设施合作供给研究

[65]马九杰等. 社会资本与农户经济[M]. 北京：中国农业科学技术出版社，2008.

[66]马林静. 农村基础设施投资中的政府作用与农民意愿研究——以农村饮用水、学校、灌溉项目为例[J]. 财贸经济，2009（3）：38～42.

[67]马晓河，刘振中. "十二五"时期农业农村基础设施建设战略研究[J]. 农业经济问题，2011（7）：4～9+110.

[68]毛寿龙，杨志云. 无政府状态、合作的困境与农村灌溉制度分析——荆门市沙洋县高阳镇村组农业用水供给模式的个案研究[J]. 理论探讨，2010（2）：87～92.

[69]孟德锋，张兵. 农户参与式灌溉管理与农业生产技术改善：淮河流域证据[J]. 改革，2010（12）：80～87.

[70]聂磊. 作为自组织研究变量的社会资本[J]. 兰州大学学报（社会科学版），2011（4）：89～93.

[71]彭长生. 资源禀赋和社会偏好对公共品合作供给的影响——理论分析和案例检验[J]. 华中科技大学学报（社会科学版），2008（5）：36～41.

[72]彭长生，孟令杰. 农村社区公共品合作供给的影响因素：基于集体行动的视角——以安徽省"村村通"工程为例[J]. 南京农业大学学报（社会科学版），2007（3）：1～6.

[73]彭膺昊，陈灿平. 村庄内生秩序与农村公共服务供给绩效——基于对贵州省遵义市 S 村的考察[J]. 西南民族大学学报（人文社会科学版），2011（7）：204～208.

[74]皮建才. 转型时期地方政府公共物品供给机制分析[J]. 财贸经济，2010（9）：58～63.

[74]青木昌彦. 比较制度分析[J]. 上海：上海远东出版社，2001.

[75]史耀波. 农户受益、福利水平与农村公共产品供给的关联度[J]. 改革，2012（3）：97～102.

[76]宋超群，周玉玺. 小型农田水利设施供给模式研究[J]. 现代农业，2010（12）：131～134.

[77]宋奎武. 合作与农民合作[J]. 调研世界，2005（2）：16～18.

[78]宋研，晏鹰. 农村合作组织与公共水资源供给——异质性视角下的社群集体行动问题[J]. 经济与管理研究，2011（6）：44～51.

[79]孙玉栋，王伟杰. 农村公共产品研究方法和观点评述[J]. 税务与经济，2009（5）：68～73.

[80]田先红，陈玲. 农田水利的三种模式比较及启示——以湖北省荆门市新贺泵站为例[J]. 南京农业大学学报（社会科学版），2012（1）：9～15+57.

[81]唐娟莉. 农村公共服务投资结构效率测算及其影响因素分析[J]. 云南财经大学学报，2013（3）：152～160.

[82]陶传进. 环境治理:以社区为基础[M]. 北京：社会科学文献出版社，2005：86.

[83]陶勇. 农村公共产品供给与农民负担问题探索[J]. 财贸经济，2001（10）：74～77.

[84]涂圣伟. 农民主动接触、需求偏好表达与农村公共物品供给效率改进[J]. 农业技术经济，2010（3）：32～41.

[85]涂晓芳，汪双凤. 社会资本视域下的社区居民参与研究[J]. 政治学研究，2008（3）：17～21.

[86]王春来. 农村公共产品供给问题研究综述及转型期思考——以小型农田水利设施为例[J]. 中国农村水利水电，2013（5）：92～95.

[87]王格玲，陆迁. 意愿与行为的悖离：农村社区小型水利设施农户合作意愿及合作行为的影响因素分析[J]. 华中科技大学学报（社会科学版），2013（3）：68～75.

[88]汪杰贵，周生春. 构建农村公共服务农民自主组织供给制度——基于乡村社会资本重构视角的研究[J].经济体制改革，2011（2）：74～78.

[89]王金国. 农村公共品供给主体的博弈研究——基于行为差异视角[J]. 农村经济，2012（6）：20～23.

[90]王金霞，黄季焜，地下水灌溉系统产权制度的创新与理论解释——小型水利工程的实证研究[J].经济研究，2000（4）：66～74+79.

[91]汪前元,李彩云.从公共产品需求角度看农村公共产品供给制度的走向[J].湖北经济学院学报,2004（6）：66～69.

[92]王晓娟,李周.灌溉用水效率及影响因素分析[J].中国农村经济,2005（7）：11～18.

[93]王先甲,全吉,刘伟兵.有限理性下的演化博弈与合作机制研究[J].系统工程理论与实践,2011（S1）：82～93.

[94]王昕,陆迁.社会资本综述及分析框架[J].商业研究,2012（2）：141～145.

[95]王昕,陆迁.小型水利设施的合作供给与积极性找寻：陕西省700个农户样本[J].改革,2012（10）：130～135.

[96]王昕,陆迁.农村社区小型水利设施合作供给意愿的实证[J].中国人口资源与环境,2012（06）：115～119.

[97]王昕,陆迁.小型水利设施建设中农户支付行为的影响因素分析——基于社会资本视角[J].软科学,2014（03）：135～139.

[98]王昕,陆迁.农户小型水利设施合作供给成本分担意愿及影响因素——基于陕西省调查数据[J].华中农业大学学报（社会科学版）,2014（05）：48～52.

[99]王昕,陆迁.中国农业水资源利用效率区域差异及趋同性检验实证分析[J].软科学,2014（11）：133～137.

[100]王昕,陆迁.农村社区小型水利设施农户合作供给的成本分担方案研究[J].天津农业科学,2014（11）：42～48.

[101]王昕,陆迁.农村小型水利设施管护方式与农户满意度——基于泾惠渠灌区811户农户数据的实证分析[J].南京农业大学学报（社会科学版）,2015（01）：51～60+124～125.

[102]王学渊.农业水资源生产配置效率研究[M].北京：经济科学出版社,2009：114～149.

[103]卫龙宝,凌玲,阮建青.村庄特征对村民参与农村公共产品供给的影响研究——基于集体行动理论[J].农业经济问题,2011（5）：48～53+111.

[104]温思美,郑晶.经济治理与合作组织——2009年诺贝尔经济

学奖评介[J]. 学术研究, 2010（1）: 78~85.

[105]吴理财, 李芝兰. 乡镇财政及其改革初探——洪镇调查[J]. 中国农村观察, 2003（4）: 13~24+80.

[106]文启湘, 何文君. "看得见的手"范式的悖论及悖论困境——试论公共物品的供给模式及其选择[J]. 社会科学战线, 2001（5）: 15~21.

[107]吴光芸, 李建华. 培育乡村社会资本、促进农民合作[J]. 当代经济管理, 2007（2）: 22~25.

[108]吴淼. 基于社会资本的农村公共产品供给效率[J]. 中国行政管理, 2007（10）: 43~46.

[109]吴士健, 薛兴利, 左臣明. 试论农村公共产品供给体制的改革与完善[J]. 农业经济问题, 2002（7）: 48~52.

[110]吴玉峰, 吴中宇. 村域社会资本、互动与新农保参保行为研究[J].人口与经济, 2011（2）: 62~67.

[111]夏莲, 石晓平, 冯淑怡, 曲福田. 涉农企业介入对农户参与小型农田水利设施投资的影响分析——以甘肃省民乐县研究为例[J]. 南京农业大学学报（社会科学版）, 2013（4）: 54~61.

[112]肖卫, 朱有志. 合约基础上的农村公共物品供给博弈分析: 以湖南山区农村为例[J]. 中国农村经济, 2010（12）: 26~36.

[113]辛波, 牛勇平, 孙滕云. 对农村公共产品供给的经济学分析——基于无嫉妒公平观念的视角[J]. 武汉大学学报（哲学社会科学版）, 2011（11）: 38~42.

[114]熊巍. 我国农村公共产品供给分析与模式选择[J]. 中国农村经济, 2002（7）: 36~44.

[115]Hume, 石碧球译. 人性论[M]. 北京: 九州出版社, 2007.

[116]徐鲲, 肖干. 农村公共产品供给机制的创新研究[J]. 探索, 2010（2）90~94.

[117]杨帅, 温铁军. 农民组织化的困境与破解——后农业税时代的乡村治理与农村发展[J]. 人民论坛, 2011（10）: 44~45.

[118]于建嵘. 利益表达、法定秩序与社会习惯——对当代中国

农民维权抗争行为取向的实证研究[J]. 中国农村观察，2007（6）：44～52.

[119]余锦海. 美国地方政府在公共物品供给中的合作及启示[J]. 国家行政学院学报，2012（2）：123～127.

[120]于水. 农村公共产品供给与管理研究——从农村基础设施建设决策机制考察[J]. 江苏社会科学，2010（2）：115～121.

[121]于水，曲福田. 我国农村公共产品供给机制创新——基于江苏省苏南苏北地区的调查[J]. 南京农业大学学报（社会科学版），2007（2）：5-10～16.

[122]俞雅乖. "一主多元"农田水利基础设施供给体系分析[J]. 农业经济问题，2012（6）：55～60.

[123]袁倩. 国家退出之后：基于农村自组织的公共产品供给机制——对赵坝"农民议会"的案例研究[R]. 上海青年政治学年度报告，2013：16～20.

[124]詹姆斯·布坎南. 成本与选择[M]. 浙江：浙江大学出版社，2009：31～37.

[125]张兵，孟德锋，刘文俊，方金兵. 农户参与灌溉管理意愿的影响因素分析——基于苏北地区农户的实证研究[J]. 农业经济问题，2009（2）：66～72.

[126]张驰，高晓玲，胡俊，李辉. 投入差异化对复杂网络公共物品博弈的影响[J]. 四川大学学报（工程科学版），2013（5）：88～93.

[127]张克中，贺雪峰. 社区参与、集体行动与新农村建设[J]. 经济学家，2008（1）：32～39.

[128]张林秀，罗仁福，刘承芳，Scott Rozelle. 中国农村社区公共物品投资的决定因素分析[J]. 经济研究，2005（11）：76～86.

[129]张宁，陆文聪，董宏纪. 中国农田水利管理效率及其农户参与性机制研究——基于随机前沿面的实证分析[J]. 自然资源学报，2012（3）：353～363.

[130]张其仔. 社会资本论——社会资本与经济增长[M]. 北京：社会科学文献出版社，2002.

[131]张群梅. 村庄重构中的社会资本情境与个体选择行为分析. 经济研究导刊，2014.（3）：21～24.

[132]张文宏. 城市居民社会网络资本的结构特征[J]. 学习与探索，2006（2）：40～44.

[133]张文宏. 中国社会网络与社会资本研究30年（下）[J]. 江海学刊，2011（3）：96～106.

[134]张五常. 卖桔者言[M]. 成都：四川人民出版社，1988：37～49.

[135]赵泉民，李怡. 关系网络与中国乡村社会的合作经济——基于社会资本视角[J]. 农业经济问题，2007（8）：40～46.

[136]赵晓峰. 农民合作：客观必要性、主观选择性与国家介入[J]. 调研世界，2007（2）：28～31.

[137]郑风田，董筱丹，温铁军. 农村基础设施投资体制改革的"双重两难"[J]. 贵州社会科学，2010（7）：4～14.

[138]郑杭生. 合作共治与复合治理：社会管理与社区治理体制的复合化[J]. 社区，2012（20）：10.

[139]郑适，王志刚. 农户参与专业合作经济组织影响因素的分析[J]. 管理世界，2009（4）：171～172.

[140]周洪文，张应良. 农田水利建设视野的社区公共产品供给制度创新[J]. 改革，2012（1）：93～100.

[141]周黎安，张维迎，顾全林，沈懿. 信誉的价值：以网上拍卖交易为例[J]. 经济研究，2006（12）81～91+124.

[142]周明君，张扬. 咸阳市农田水利基础设施建设现状与发展对策浅析[J]. 陕西水利，2012（5）：169～170.

[143]周生春，汪杰贵. 乡村社会资本与农村公共服务农民自主供给效率——基于集体行动视角的研究[J]. 浙江大学学报（人文社会科学版），2012（3）：111～121.

[144]周晓平，赵敏，傅成标. 地区水资源条件对小型水利工程产权制度改革的影响探讨[J]. 水利经济，2005（5）：54～57+72.

[145]朱陈松，章仁俊，张晓花. 多元化水利融资体制研究[J]. 中

国水利，2010（10）：21～22.

[146]朱红根，翁贞林，康兰媛. 农户参与农田水利建设意愿影响因素的理论与实证分析——基于江西省 619 户种粮大户的微观调查数据[J].自然资源学报，2010（4）：539～545.

[147]Adler P S, Kwon S W. 2002.Social capital: Prospects for a new concept. Academy of management review, 27(1):17～19.

[148]Alesina, A., Baqir, R., and Easterly, W. 1999. Public goods and ethnic divisions. The Quarterly Journal of Economics, 114(4):1243～1284.

[149]Andreoni, J. 1988. Why free ride?: Strategies and learning in public goods experiments. Journal of public Economics, 37(3):291～304.

[150]Araral Jr, E. 2007. Is Foreign Aid Compatible with Good Governance?. Policy and Society, 26(2):1～14.

[151]Bhuyan, S. 2007. The "People" Factor in Cooperatives: An Analysis of Members' Attitudes and Behavior. Canadian Journal of Agricultural Economics/Revue canadienne d'agroeconomie, 55(3):275～298.

[152]Bourdieu, P. 1986. The forms of capital. Handbook of theory and research for the sociology of education, 241, 258.

[153]Buchanan J M. 1992. An Economic Theory of Clubs. Public Goods and Market Failures: A Critical Examinations, 193:19～22.

[154]Burt, R. S. 2000. The network structure of social capital. Research in organizational behavior, 22:345～423.

[155]Burt R S. 2009. Structural holes: The social structure of competition. Harvard university press, 31～34.

[156]Brown T F. 1997. Theoretical Perspectives on Social Capital http://hal.lamar.edu/~BROWNTF/SOCCAP.HTML.

[157]Coase, R. H. 1974. The market for goods and the market for ideas. The American Economic Review, 384～391.

[158]Cohen D, Prusak L. 2001. In good company: How social capital

makes organizations work. Harvard Business Press:78～82.

[159]Coleman, J. S. 1989. Social capital in the creation of human capital. University of Chicago Press.

[160]Dasgupta P, Serageldin I. 2000. Social Capital: A Multifaceted Perspective. Washington, DC: The World Bank, 322～331.

[161]Demsetz, H. 1970. The private production of public goods. Journal of law and Economics, 293～306.

[162]Durlauf S N, Fafchamps M. 2004. Social Capital. NBER. Working Paper, No.10485.

[163]Frank, S. A. 2010. A general model of the public goods dilemma. Journal of evolutionary biology, 23(6):1245～1250.

[164]Fukuyama, F. 1995. Social capital and the global economy. Foreign affairs, 89～103.

[165]Gaspart F, Platteau J P, de la Vierge R. 2007. Heterogeneity and collective action for effort regulation: Lessons from the Senegalese small-scale fisheries. Inequality, cooperation, and environmental sustainability, 159～204.

[166]Granovetter M. 1973. The strength of weak ties. American journal of sociology, 78(6): 1.

[167]Grootaert, C., and Van Bastelaer, T. (Eds.). 2002. The role of social capital in development: An empirical assessment. Cambridge University Press.

[168]Guiso, L., Sapienza, P., and Zingales, L. 2009. Cultural biases in economic exchange?. The Quarterly Journal of Economics, 124(3): 1095～1131.

[169]Hanifan, L J. 1916. The Community Center，Boston：Silver，Burdette，and Co., 181～187.

[170]Hanemann M, Loomis J, Kanninen B. 1991.Statistical efficiency of double-bounded dichotomous choice contingent valuation. American journal of agricultural economics, 73(4): 1255～1263.

[171]Heckman, J. J. 1979. Sample selection bias as a specification error. Econometrica: Journal of the econometric society, 153~161.

[172]Hjøllund L, Svendsen G T. 2000. Social capital: A standard method of measurement.

[173]Isaac, R. M., and Walker, J. M. 1988. Communication and free‐riding behavior: The voluntary contribution mechanism. Economic inquiry, 26(4), 585~608.

[174]Isham, J., and Kähkönen, S. 2002. Institutional Determinants of the Impact ofCommunity‐Based Water Services: Evidence from Sri Lanka and India*. Economic Development and Cultural Change, 50(3):667~691.

[175]Keser, C., and Van Winden, F. 2000. Conditional cooperation and voluntary contributions to public goods. The Scandinavian Journal of Economics, 102(1):23~39.

[176]Knack S, Keefer P. 1997. Does inequality harm growth only in democracies?A replication and extension.

[177]*American Journal of Political Science*, 323~332.

[178]Komives, K., Whittington, D., and Wu, X. 2001. Infrastructure coverage and the poor: A global perspective (Vol. 2551). World Bank Publications.

[179]Krishna A., Uphoff N. 1999. Mapping and Measuring Social Capital: A Conceptual and Empirical Study of Collective Action for Conserving and Developing Watersheds in Rajasthan, India. Social Capital Initiative Working Paper. The World Bank, Social Development Departanent, NO. 13. Washington DC, 18~21.

[180]Kurian M. 2001. Farmer managed irrigation and governance of irrigation service delivery: analysis of experience and best practice. ISS Working Paper Series/General Series, 351: 1~40.

[181]Libecap, G. D. 2007. Assigning Property Rights in the Common Pool: Implications of the Prevalence of First-Possession Rules for ITQs in

Fisheries. Marine Resource Economics, 22(4).

[182]Lin N. 2003. Social capital: A theory of social structure and action. Cambridge University Press:102~111.

[183]Lochner K, Kawachi I, Kennedy B P. 1999. Social capital: a guide to its measurement. Health & place, 5（4）: 259~270.

[184]Loury, G. 1977. A dynamic theory of racial income differences. Women, minorities, and employment discrimination, 153, 86~153.

[185]Narayan, D., and Pritchett, L. 1999) Cents and sociability: Household income and social capital in rural Tanzania. Economic development and cultural change, 47(4), 871~897.

[186]Olson, M., and Olson, M. 2009. The logic of collective action: public goods and the theory of groups (Vol. 124). Harvard University Press.

[187]Ostrom, E.1990. Governing the commons: The evolution of institutions for collective action. Cambridge university press.

[188]Paxton, P. 1999. Is social capital declining in the united states? A multiple indicator assessment. American Journal of sociology, 105(1):88~127.

[189]Pigou, A. C. 1928. An analysis of supply. The Economic Journal, 238~257.

[190]Prokopy L S. 2005. The relationship between participation and project outcomes: Evidence from rural water supply projects in India. World Development, 33(11): 1801~1819.

[191]Putnam, R. D. 1995. Bowling alone: America's declining social capital. Journal of democracy, 6(1):65~78.

[192]Rahn, W. M., Brehm, J., and Carlson, N. 1999. National elections as institutions for generating social capital. Civic engagement in American democracy, 111~160.

[193]Rhodes, D. 1996. Gunbower Island Archaeological Survey. Occasional report (Victoria. Dept. of Health and Community Services.

Aboriginal Affairs Division), ix.

[194]Samuelson P A. 1954. The pure theory of public expenditure. The review of economics and statistics, 387～389.

[195]Spencer, J. R., Lebofsky, L. A., and Sykes, M. V. 1989. Systematic biases in radiometric diameter determinations. Icarus, 78(2):337～354.

[196]Thöni, C., Tyran, J. R., and Wengström, E. 2012. Microfoundations of social capital. Journal of Public Economics, 96(7):635～643.

[197]Tiebout C M. 1956. A pure theory of local expenditures. The journal of political economy, 416～424.

[198]Uphoff, N. 2000. Understanding social capital: learning from the analysis and experience of participation. Social capital: A multifaceted perspective, 215～249.

[199]Uphoff,N.1996.Learning from GalOya: Possibilities for Participatory Development and Post Newtonian Social Science. London: Intermediate Technology Publications, 844～849.

[200]Woolcock, M., and Narayan, D. 2000. Social capital: Implications for development theory, research, and policy. The world bank research observer, 15(2): 225～249.

附　录

调查问卷一

关于小型水利设施的调查问卷

编号：_____调查地点：_____省_____市（县）_____镇
（乡）_____村

您好！我是西北农林科技大学的研究生，现进行关于小型水利基本情况的问卷调查，希望得到相关的信息，感谢您在百忙之中协助我们调查。该问卷仅作为内部资料使用，对外保密，不会损害您的任何利益。

基本信息

个体特征

1. 您的性别：

　　A. 男　　　　　　　　　　　B. 女

2. 您的年龄：

　　A. 17～30　　　　　　　　　B. 31～45

　　C. 46～60　　　　　　　　　D. 61～75

3. 您在村子中的职务：

　　A. 一般村民　　　B. 队长或组长　　　C. 村干部

4. 您从事农业生产有_____年，每年平均在农业生产上的时间为_____月，当前是否务农？

    A. 是   B. 否

5. 您的受教育年限_____年。

6. 您的政治面貌：

    A. 群众   B. 中共党员

    C. 共青团员   D. 宗教成员

7. 您的收入来源（可多选）：

    A. 种植业或养殖业   B. 外出务工或经商

    C. 乡村医生或教师   D. 村干部

8. 您愿意把多余的钱存起来吗？

    A. 非常愿意   B. 比较愿意

    C. 一般   D. 比较不愿意

    E. 非常不愿意

9. 除了种粮外，您还从事其他行业的经济活动吗？

    A. 种植蔬菜   B. 经营果园

    C. 做买卖   D. 搞运输

    E. 其他

10. 您的身体健康状况？

    A. 非常健康   B. 比较健康

    C. 一般   D. 比较差

    E. 非常差

家庭特征

1. 您家的人口数（16 岁以上）_____人，其中务农人员有_____人，其中：男_____人，女_____人。

2. 家庭年收入共_____元。农业收入_____元，其中：种植业_____元，畜牧业_____元；农业以外的收入_____元；政府粮食补贴_____元，水利补贴_____元。

3. 您家每年共花费_____元，农业花费_____元，灌溉用水花费_____元，人情礼品花费_____元，教育花费_____元。

4. 外出打工人员有_____人，男_____人，女_____人，每年在外打工有___月，工资（或外出打工）收入_____元。

5. 您家每年向村上交的费用_____元，其中用于水利建设和维修的费用_____元。

种植特征与用水特征

1. 您家的耕地面积_____亩，其中旱地_____亩，水浇地_____亩。

2. 家庭种植结构与用水特征

农产品名称	种植面积（亩）	灌溉面积（亩）	单产（斤/亩）	收购价格（元/年）	灌溉次数	灌溉费用	灌溉设备
小麦							
水稻							
玉米							
蔬菜							
果树							
其他							

小型水利设施的基本情况

小型水利认知调查

1. 您认为小型水利设施的主要功能有哪些？（可多选）：

　　A. 抗旱　　　　　　　　　B. 排涝

　　C. 增加产量　　　　　　　D. 解决人畜用水问题

　　E. 增收

2. 您觉得小型水利对农业生产重要吗？

　　A. 非常重要　　　　　　　B. 比较重要

　　C. 一般　　　　　　　　　D. 比较不重要

　　E. 非常不重要

3. 您觉得小型水利建设对增收重要吗？

　　A. 非常重要　　　　　　　B. 比较重要

　　C. 一般　　　　　　　　　D. 比较不重要

　　E. 非常不重要

基于社会资本视角的农村社区小型水利设施合作供给研究

现有小型水利投入及使用情况调查

1. 现有小型水利设施供给的类型：

    A. 政府出资、村民出劳建设

    B. 私人投资建设

    C. 政府出资、私人承包经营

    D. 村民合作建设

    E. 政府、村民共同出资、共同建设

2. 您所在村小型水利设施是谁提议建设的？

    A. 政府部门   B. 村干部

    C. 农户联合集资   D. 农业协会等组织

    E. 其他（如生产队遗留）总投资是＿＿＿元，您所承担的费用

    为＿＿元，政府补助＿＿＿元，银行贷款＿＿＿元。

    您觉得与三年前比，您对小型水利的建设投入如何变化？

    A. 增加   B. 没变化

    C. 减少

3. 您主要用什么样的方式进行灌溉：

    A. 喷灌   B. 滴灌

    C. 微灌   D. 渠灌

4. 您家耕地一里范围内是否有灌溉设施，如河流、井、提灌站、水库、机井等。

    A. 是   B. 否

    您觉得您所在村的小型水利使用便利吗？

    A. 非常便利   B. 比较便利

    C. 一般   D. 比较不便利

    E. 非常不便利

5. 您是否了解政府对小型水利设施的补贴政策或投资政策？

    A. 非常了解   B. 比较了解

    C. 一般   D. 比较不了解

    E. 非常不了解

6. 您所在村对小型水利的投入力度：
    A. 投入力度很大　　　　B. 一般
    C. 投入力度小　　　　　D. 几乎不投入
    如果投入不足，您认为其原因是：
    A. 政府组织不力
    B. 资金短缺
    C. 群众少热情
    D. 投资方式的问题
    E. 其他_____

7. 您所在村村民对小型水利的投入力度？
    A. 投入力度很大　　　　B. 一般
    C. 投入力度小　　　　　D. 几乎不投入
    如果投入不足，您认为其原因是？
    A. 经营的土地规模太小　B. 资金短缺
    C. 偷水普遍　　　　　　D. 种粮收益低
    E. 满足于现有水利设施　F. 其他_____

8. 您所在村的小型水利的损耗程度如何？
    A. 非常严重　　　　　　B. 比较严重
    C. 一般　　　　　　　　D. 良好
    E. 非常好

9. 您所在村由谁负责维护小型水利设施？
    A. 村委会干部　　　　　B. 技术管理员
    C. 用水协会等专业组织　D. 集体或农户个人
    E. 其他_____　　　　　F. 没人负责
    维修情况如何？
    A. 非常及时　　　　　　B. 比较及时
    C. 一般　　　　　　　　D. 比较不及时
    E. 非常不及时

10. 您每年在维修上的花费为_____元，您认为水利设施维护、修理的费用应该由谁承担？

    A. 村委会干部

    B. 技术管理员

    C. 用水协会等专业组织

    D. 集体或农户个人

    E. 其他_____

11. 您清楚小型水利建设维护资金使用情况吗？

    A. 非常清楚   B. 比较清楚

    C. 差不多   D. 不清楚

    E. 非常不清楚

12. 自小型水利建设以来您收入变化：

    A. 有很大改善   B. 有一定改善

    C. 改善不大   D. 减少

    E. 少很多

您觉得与三年前相比，使用小型水利带来的收益变化如何？

    A. 增加   B. 没变化   C. 减少

合作意愿及支付意愿调查

1. 您家是否自备灌溉设备？

    A. 是，主要是：_____ B. 否

2. 您是否参与组织小型水利设施建设合作？

    A 是   B 否

3. 您是否跟随别人参与小型水利设施建设合作？

    A. 是   B. 否

4. 您是否直接不用交费使用小型水利设施？

    A. 是   B. 否

5. 是否愿意与其他人共同使用灌溉设施？

    A. 是   B. 否

6. 当农民有建设小型水利设施的意向时，通常由谁来协商农民达成一致意见？

    A. 村委会干部

    B. 水利设施的管理人员

　　D. 用水协会等专业组织

　　E. 当地能人或权威村民

　　D. 队长（或组长）

　　F. 其他＿＿＿＿

7. 通常采取什么样的方式来协商农民的意见？

　　A. 由村干部讨论决定

　　B. 村民大会

　　C. 一事一议

　　D. 村中有威望的人协调

　　E. 其他＿＿＿＿

8. 当碰到灌溉用水问题时，您会找谁帮忙？

　　A. 村委会干部

　　B. 水利设施的管理人员

　　C. 用水协会等专业组织

　　D. 当地能人或权威村民

　　E. 队长（或组长）

　　F. 其他＿＿＿＿

9. 如果有人提出建设小型水利设施，您是否愿意参与合作？

　　A. 是　　　　　　　　　B. 否

如果合作，您愿意哪种合作方式？

　　A. 只出钱＿＿＿＿元　　　B. 只出力＿＿＿＿天

　　C. 既出钱又出力

您愿意合作的原因是？（可多选）

　　A. 增加收入　　　　　　B. 降低成本

　　C. 用水方便　　　　　　D. 信任组织者

　　E. 跟随别人

您不愿合作的原因是？（可多选）

　　A. 没有钱　　　　　　　B. 涉及利益不好弄

　　C. 没有合适的人　　　　D. 没必要

　　E. 其他＿＿＿＿

10. 如果有人提出解决小型水利的修护问题，您是否愿意参与合作？

        A. 是   B. 否

如果合作，您愿意哪种合作方式？

        A 只出钱_____元   B. 只出力_____天

        C. 既出钱又出力

您愿意合作的原因是？（可多选）

        A. 增加收入   B. 降低成本

        C. 用水方便   D. 信任发起人

        E. 跟随别人

您不愿合作的原因是？（可多选）

        A. 没有钱

        B. 涉及利益不好弄

        C. 没有合适的人

        D. 没必要

        E. 其他

11. 您觉得小型水利的主要投资主体应该是？

        A. 中央政府   B. 县乡一级政府

        C. 村委会   D. 农村集体

        E. 个人承包

        F. 政府、村委会和农户共同投资

12. 您觉得小型水利主要维护主体应该是？

        A. 中央政府   B. 县乡级政府

        C. 村委会   D. 农村集体

        E. 技术人员或专业组织

        F. 政府、村委会和农户共同维护

13. 您认为哪种成本分担方式您最愿意接受？

        A. 个人收入   B. 劳动力人口

        C. 灌溉面积   D. 水利工程构件

        E. 其他_____

14. 您愿意对小型水利设施的建设和维护花费吗？

    A. 是   B. 否

如果支付，能承担的最大支付费用？

    A. 20%以下   B. 20%～40%

    C. 40%～60%   D. 60%～80%

    E. 80%～100%

如果不打算支付，您认为主要原因是什么？

    A. 收入水平低

    B. 成本分摊方案未知

    C. 对组织者不信任

    D. 对收入影响不大

    E. 出钱不一样会吃亏

社会资本度量

社会网络

1. 您一周至少有 3 次以上密切往来的人数_____人，遇到困难时可以帮上忙的人有_____人。

2. 请根据自己的经验对与下列人员的交流程度作答

	经常	比较频繁	一般	偶尔	从不
亲密朋友					
亲戚					
村干部				·	
邻居					
声望高的农户					
农业合作社或协会					
家庭成员					

3. 请根据自己的情况作答

（1）您亲密朋友职业的种类？（可多选）

    ①务农　②外出务工或经商　③ 乡村医生或教师

173

④村干部或政府官员　　　　⑤用水协会等组织成员

您亲密朋友的收入状况？

  A. 非常富裕　　　　　　B. 比较富裕

  C. 一般　　　　　　　　D. 比较不富裕

  E. 非常不富裕

（2）您主要亲戚的职业？（可多选）

  ① 务农　② 外出务工或经商　③ 乡村医生或教师

  ④ 村干部或政府官员　　　⑤用水协会等组织成员

您主要亲戚的收入状况？

  A. 非常富裕　　　　　　B. 比较富裕

  C. 一般　　　　　　　　D. 比较不富裕

  E. 非常不富裕

（3）您家其他成员的主要职业？（可多选）

  ① 务农　② 外出务工或经商③ 乡村医生或教师

  ④ 村干部或政府官员　　　⑤ 用水协会等组织成员

您家其他成员的收入状况？

  A. 非常富裕　　　　　　B. 比较富裕

  C. 一般　　　　　　　　D. 比较不富裕

  E. 非常不富裕

社会声望

1. 当您家有喜事时，是否有亲戚朋友愿意帮助您？

  A. 经常　　　　　　　　B. 较频繁

  C. 一般　　　　　　　　D. 偶尔

  E. 从不

2. 您家盖房时，是否有亲戚朋友过来帮忙？

  A. 经常　　　　　　　　B. 较频繁

  C. 一般　　　　　　　　D. 偶尔

  E. 从不

3. 农忙时，其他人是否愿意过来帮忙？

  A. 经常　　　　　　　　B. 较频繁

C. 一般　　　　　　　　　D. 偶尔

E. 从不

4. 当别人有重大事情要做决定时, 是否愿意找您商量?

A. 经常　　　　　　　　　B. 较频繁

C. 一般　　　　　　　　　D. 偶尔

E. 从不

5. 别人家如果闹矛盾时, 是否会找您帮忙调解?

A. 经常　　　　　　　　　B. 较频繁

C. 一般　　　　　　　　　D. 偶尔

E. 从不

6. 您觉得村里人对您的尊重程度如何?

A. 非常尊重　　　　　　　B. 比较尊重

C. 一般　　　　　　　　　D. 比较不尊重

E. 非常不尊重

社会信任

请您根据自己的经验对下列人员是否相信进行选择

	非常相信	比较相信	一般	比较不相信	非常不相信
亲密朋友					
亲戚					
村干部					
邻居					
声望高的农户					
农业合作社或协会					
家庭成员					
一般人					
陌生人					

社会参与

1. 如果村里有问题需要解决, 您是否会号召其他农户一起?

A. 经常　　　　　　　　　B. 较频繁

    C. 一般   D. 偶尔

    E. 从不

2. 您是否经常参加村中的集体活动？

    A. 经常   B. 较频繁

    C. 一般   D. 偶尔

    E. 从不

3. 您参加村干部选举是否投票？

    A. 经常   B. 较频繁

    C. 一般   D. 偶尔

    E. 从不

4. 您是否参与村中灌溉水方面的事务？

    A. 经常   B. 较频繁

    C. 一般   D. 偶尔

    E. 从不

5. 您在村中的公共事务决策时是否提出过建议或意见？

    A. 经常   B. 较频繁

    C. 一般   D. 偶尔

    E. 从不

6. 您是否愿意参加"一事一议"？

    A. 经常   B. 较频繁

    C. 一般   D. 偶尔

    E. 从不

调查问卷二

村庄基本情况调查

编号：_____调查地点：_____省_____市（县）_____镇_____
乡_____村　　调查员：_____统计员：_____

您好！我是西北农林科技大学的研究生，现进行关于村庄基本情况的问卷调查，希望得到相关的信息，感谢您在百忙之中协助我们调查。该问卷仅作为内部资料使用，对外保密，不会损害您的任何利益。

1. 您所在村的主要地形：
    A. 山地　　　　　　　　B. 丘陵　　　　　　　C. 平原

2. 您所在村庄类型：
    A. 个体家庭型　　　　　B. 户族型
    C. 宗族型村庄

3. 您村共有_____户村民，务农人口_____户，有_____个村民小组，能人有_____个。

4. 您村占地面积_____亩，共有_____亩耕地，种植面积_____亩，灌溉面积_____亩，灌溉用水量_____吨。

5. 您所在村共有水利设施_____处，产权归_____所有。其中最近三年来修建了_____处，政府投资的_____处，合计_____元；村民集资的_____处，合计_____元；对外承包的_____处，合计_____元；当前可用的_____处，废弃的有_____处。

6. 您所在村的小型水利建设的发起人是_____，集资有_____户，使用者_____。

7. 您所在村的小型水利设施主要有（可多选）？
    A. 河流、井、渠　　　　B. 提灌站
    C. 水库（池）　　　　　D. 机井
    E. 其他

177

8. 您所在村的小型水利设施的使用年限_____年。

9. 您所在村的小型水利供水是否够用？

      A. 非常充足   B. 比较充足

      C. 差不多   D. 不够用

      E. 非常短缺

10. 您所在村经常发生用水纠纷吗？

      A. 非常频繁   B. 比较频繁

      C. 差不多   D. 偶尔

      E. 没有

11. 您所在村人与人的关系如何？

      A. 非常好   B. 比较好

      C. 一般   D. 比较差

      E. 非常差

12. 您所在村的年用水量_____吨，其中灌溉用水量_____吨。

13. 您所在村的经济发展水平？

      A. 非常富裕   B. 比较富裕

      C. 差不多   D. 比较落后

      E. 非常落后

14. 您所在村水利投资资金来源？

      A. 政府拨款_____元

      B. 村上拨款_____元

      C. 村上补贴一部分_____元，农户承担一部分_____元

      D. 农户集资_____元

      E. 个人投资_____元

15. 您所在村在小型水利设施方面的支出_____元/年。

16. 当地的交通条件：

      A. 非常便利   B. 比较便利

      C. 一般   D. 比较不便利

      E. 非常不便利

致　谢

　　韶华易逝，时光荏苒。转眼间，已在西北农林科技大学度过十载春秋。在导师的教导下，在学院老师的指点下，在同学们的帮助下，在家人的关心下，经过多番修改，我终于顺利地完成了博士论文。此时此刻，满腔的感激之情涌上心头。

　　感谢我的导师陆迁教授，是他给了我这个极其难得的学习机会。在与导师的相处过程中，他耐心地指导、细心地关心、持续不断地鼓励，让我在学习过程中，扫除迷雾，去除阴霾，真正领悟了什么是科研，如何做科研，怎么样才能够从大师的角度进行思考。老师待人待物的态度也深深影响了我。他幽默风趣、平易近人，做起事情来又很认真严谨，着实影响着我的一言一行和处事态度。在他的引导和带动下，我一点点的进步和成长。

　　感谢经济管理学院的所有老师。从与您们的交流中，我学习到了您们严密的逻辑性、对待科研和学术的严谨性和前瞻性。感谢西北农林科技大学和爱达荷大学任课老师们的耐心解答和探讨，感谢行政老师在生活和学习，以及平时工作中的帮助与理解。

　　感谢同门师姐妹和我生活在一起的同学们。感谢陆老师师门下学生，感谢你们对问卷调查的支持，没有你们的帮助，论文的数据难以形成。感谢王蕾博士、张文静博士、王佳媚博士、杨秀丽博士、刘红瑞博士等 2011 级博士班的所有同学。感谢宿舍成员孙爱军、罗建玲、李佳和其他 2009 级硕士班同学。感谢你们在日常生活中对我的照顾和

基于社会资本视角的农村社区小型水利设施合作供给研究

包容，感谢你们在身边不断的安慰和鼓励，也感谢你们在学术上的支持和帮助。大学阶段的友情是最纯真难得的，我会永远牢记心里，感恩大家。

感谢西北农林科技大学。每当漫步在美丽的校园中，都有一种幸福，也有一种难以割舍的情感。在这里，我度过了人生金色年华，跟随优秀的老师们学习，建立了生命中最珍贵的友谊，也在这里，开始了我的学术生涯，完成了最华丽的蜕变。

感谢我的家人，为了支持我顺利地完成博士学位，他们在默默地付出，总是在我孤独无助时给我安慰，让我安心学习。

感谢国家自然基金委、教育部、留学基金委和清华大学中国农村研究院资助，正是他们在经费上的支持，保证论文顺利完成。

此时此刻，任何感谢之词都溢于言表，难以表达我内心的感恩与激动。我会时刻将这份感恩铭记在心，去指引自己的行动，继续从事农业经济方面的相关研究，不辜负大家的一片恩情。

王　昕

于西北农林科技大学经济管理学院　陕西　杨凌

2014 年 5 月 19 日

180